將本書獻給我的妻子 Grace——

妳與孩子們建立的安全依附關係，
讓本書內容有了最美好的印證。

安心做父母，在愛裡無懼

LOVE+SCIENCE

黃瑽寧陪你正向育兒，用科學實證打造幸福感家庭

黃瑽寧

推薦序

正向、理性，當爸媽也能勇敢做自己

孫明儀（美國嬰幼兒心智健康治療師）

我跟黃醫師一起在《愛＋好醫生》節目裡合作過好幾次，也曾跟他一起受邀演講，每次的一起工作裡，總能感覺到黃醫師想幫助爸媽們的熱忱。儘管身為小兒科醫師，他在向爸媽宣導親職觀念的過程中，從來不僅僅停留在「照顧孩子身體健康」的準則。他總是努力幫助爸媽們明白，孩子在幼小的年紀裡最需要的愛與關懷，家長可以如何給予。

閱讀這本書時，我彷彿回到那些跟黃醫師一起工作的時刻，可以感受到他熱切想透過文字，從書中傳達給爸媽正確的知識，也希望他們可以用更正向的方式，給孩子暖暖的關懷與愛，例如：對幼兒不要只說不要，而是告訴他們可以做的事是什麼。透過這些簡單易懂的範例和圖表，黃醫師希望傳達各種積極正向的方式，幫助爸媽從互動中促進孩子的身心健康。

在閱讀過程中更讓我感動的，是黃醫師以簡潔明瞭的方式，解說教養歷史裡重要的潮流與概念，以此幫助爸媽們理解，為什麼在教養資訊的選擇上，會有那麼多令人感覺困惑或互相衝突的方向。他從歷史背景與發展心理專業的角度，幫助爸媽整合自己應該選擇的方式。當然，在傳達的過程中，黃醫師也不忘提醒爸媽們學習反思，像是在第五章中，他提出三個簡單的反思問題，幫助爸媽們看到自己做得好的部分，堅定當爸媽的信心。

這本書嘗試帶著爸媽思考，在育兒的十餘年過程中，父母如何面對那些或許是時代潮流，或許是孩子發展本身所帶來的衝擊：從帶養一個嬰幼兒，到如何幫助家庭手足相處；從嬰幼兒的帶養注意，到學齡兒童的人際關係、情緒或學習專注力；夫妻二人的分工；爸爸在育兒角色上可以發揮的部分；3C產品對親職教養帶來的挑戰……黃醫師都提供、分享了許多暖心的建議和方式。尤其是在第七章中，他以爸爸的角色來告訴其他爸爸，在跟另一半同心帶養的過程中，爸爸可以提供什麼，對於想參與更多育兒工作，卻不知如何著手的爸爸們來說，這一章的分享更是彌足珍貴！

本書的最後回到爸媽婚姻品質的自我照顧，讓我不禁會心一笑。身為嬰幼兒心理健康的工作者，我明白爸媽婚姻的穩定對帶養孩子的重要性，從關注伴侶是否有產後憂鬱，到婚姻衝突能夠在孩子面前和好，黃醫師給了爸媽們重要的思考點。

二十一世紀是情緒的世紀，我們已經從研究中看到，情緒平穩的孩子不只更能調節自己的情緒，未來在團體生活中的抗壓性也比其他孩子大。因此，如果爸媽們可以從關注自己的婚姻開始，以身教的方式來示範如何原諒與和好，以身教的方式從互動中塑造孩子的品格，當夫妻雙方願意彼此傾聽，支持彼此時，在育兒道路上就會有足夠能量，一起分享這個辛苦歷程裡的淚水與歡笑。推薦這本幫助爸媽們成為更好爸媽的指南！

推薦序

用愛和方法，伴你面對育兒的每個關卡

林怡辰（彰化縣原斗國小教師）

很久沒有一本書，讓我讀完感到血脈賁張，又感激上天讓我有機會拜讀。

身為資深國小教師、幾百場演講分享者，家中也有三個寶貝，歷經與幾百個孩子數十年的交會，長時間和國小生接觸，十幾年來，孩子們教會我怎麼和他們相處、對話、學習、面對挫敗，然後，時間帶來一個個禮物。因為這些禮物，我細細回溯，終日與孩子們互動的我，該給他們什麼？才能教出穩定，讓他們不在人生道路上迷茫？無論進到國中、高中或任何一個階段，都能夠翱翔天際，活出獨一無二的自己。

要對孩子的人生產生影響力，絕對不可忽視教育的重要性。在學校，教師經由專業、身教、輔導和愛影響孩子；然而，最能給孩子實質幫助的教育，依舊要回歸家庭。長時間的摸索，累積的千頭萬緒與珍貴點滴，在黃瑽寧醫師的新書《安心做父母，在愛裡無懼》，得到了絕佳的收斂。

這不是一般教養書，並非一人、兩人的簡單觀察，而是以科學為底，長期研究、觀察所得的理論根基。第一章從童年創傷說起，分享如何當一個支持型的父母；藉由長時間觀察，幫你排除所有教養路上的雜音，讓你看見真價值，並知道如何送孩子最珍貴的「成長性思維」。

接著從身體的睡眠、戒尿布，到重要的心靈層面依附關係，了解這些如何影響孩子未來的探索、勇氣、學習……重要的書從來不會只提出問題，更會告訴你實際生活中的做法，POWER 五字訣、法勒說話術等，黃醫師用溫暖易懂的筆觸，帶著你一步步看見自己、看見孩子、看見可以讓彼此更好的做法。

語言發展、親子共讀、雙語教學、自閉發展遲緩、獎懲、情緒、同理情緒、教養不同調、手足之爭、同學紛爭、專注力不足、學習力低落……每個在搜尋排行榜上的關鍵字，黃醫師都娓娓道來，讀完後你將一點都不心慌、不緊張，並且能撫平焦慮和害怕，和自己內在的小孩對話，之後有勇氣再面對珍貴的孩子。

全書中我最珍惜的是「爸爸參與教養」。華人地區的爸爸常不知如何參與，媽媽常不知該怎麼放手；父與母不管哪一方，都是教養上重要的基石，缺一不可。書中說「勇於面對自己的軟弱，就是剛強的起點」，這話讓我感動不已。讀完後，希望父親的傳統擔子可以放下一些，在愛裡不再缺席、不再遺憾。

當然，吃燒餅沒有不掉芝麻的，婚姻也沒有從來不爭執的，書裡甚至為了孩子「愛屋及烏」，有一章專為父母而寫的「掌握幸福婚姻的科學處方」。黃醫師以自身和另一半吵架的真實經驗出發，解釋如何「吵一場健康的架」：離開現場，冷靜一下↓同理對方「理想和現實的距離」↓善意解讀對方行為↓訴說自己的感受↓在孩子面前和好。我和另一半吵架時，正好閱讀到這段，反覆思索並冷靜之後，察覺雙方想法不一樣造成的差異，最後也認真的在孩子面前和好。這本書真是幫了大忙呢！

剛懷大寶之初，我感恩遇到黃醫師的《輕鬆當爸媽，孩子更健康》，支持我面對孩子任何身體上的狀況；我時時放在床頭，常常複習，更買書送給一樣是新手爸媽的朋友。而現在這本《安心做父母，在愛裡無懼》，感謝黃醫師也照顧更重要的孩子心靈，撫平爸媽們的不安和茫然。我打算將其中的步驟做成小卡，時時提醒、練習，用愛和方法，伴我面對育兒的每個關卡。

有句話說：「所有成功都彌補不了家庭的失敗。」面對教養的過程，我們可以用科學實證和愛，在愛裡無懼，一起享受和孩子的點滴。誠摯推薦您，一起翻開這本《安心做父母，在愛裡無懼》。

作者序

拾回育兒的自信，親子情意愛無懼

爸爸媽媽都知道，當孩子生病了，我們可以找醫生幫忙，但是更多的時候，父母在教養上出現困境，卻幾乎是求助無門，不知道要找誰諮詢。

教養遇上瓶頸，父母通常會複製上一代的傳統做法，小時候怎麼被養大的，就怎麼對待下一代。然而，隨著社會快速變遷，老一輩的教養方式，有很多情況在現代已經不適用，那個年代兒童所處的環境，也已迥異於這個世代。

傳統育兒方法行不通，我們只好求助其他的家庭經驗，於是在教養這個議題上，莫名其妙產生了「路人皆是專家」的現象。網路上舉凡女明星、男明星、網紅、素人，眾人皆可分享自己的教養理念。若只是分享就算了，偏偏有許多名人父母或話題，背後是有商業贊助的，金主包括了玩具廠商、早教廠商、營養品廠商等，導致育兒知識真偽難辨，令人無所適從。

當父母對教養方式沒有自信心時，就更禁不起旁人的閒言閒語：

- 寶寶哭了，父母抱他起來，被糾正將來孩子會太黏人，會失去獨立自主能力；寶寶哭了，父母不抱起來，又被提醒這樣會壞了孩子的安全感，未來可能出現情緒障礙。
- 孩子好動活潑，會被關心是否有過動症傾向；孩子太安靜，又被說是不是亞斯伯格症。
- 父母注重考試成績，被批評是在扼殺孩子的天性與創意；父母不在意孩子考幾分，又被叮嚀這個社會還是注重學歷，孩子不能放任不管。

到底該怎麼做才好？沒有自信的父母，會讓親子相處的品質愈來愈糟，和孩子相處不愉快的時間變多，開心的時光愈來愈少，挫敗感與日俱增，這是現代父母的難題。因此在這一本《安心做父母，在愛裡無懼》的育兒書中，我希望能幫助每一位即將要成為父母的人，以及已經是父母的人，從我所引用的科學證據中，學習正確的教養方式，並找回帶孩子的自信心。

在本書中，為了讀起來輕鬆，我穿插了許多小小的育兒故事，這些故事來自我過去十五年來的看診經驗，以及帶領《愛＋好醫生》團隊居家訪談的紀錄，當然也包括自己個人的育兒分享。然而正如我剛才所提醒，這些故事只是陪襯功能，並非本書的立論主軸。本書最紮實的根基，還是建立在過去這半個世紀以來，各種兒童發展心理學的研究，以及家庭人文科學的研究，所指引出的一條教養方向。

你可能會懷疑，育兒真的有標準答案嗎？在現今如此多元化的社會，光是孩子的照顧者，就有全職媽媽、職業父母、單親家庭、居家保母、寄託保母、托嬰中心、祖父母等，難道這些家庭的教養標準都一致乎？答案是肯定的。

雖然教養與育兒的細節，會隨著不同家庭結構而改變，但不論孩子生在什麼樣的家庭，幼兒的大腦需求都是一樣。養育子女雖然辛苦，但就像風雨飄搖中的小船，只要大方向抓得穩，最終都會通往美好的終點。

當我們找回身為父母的自信時，你很快就會發現，養育子女是人生中無比快樂的事。父母不只是成為孩子的供應者（provider）、保護者（protector），也同時是他們的好夥伴（partner）。孩子為我們帶來許多歡樂時光，如果我們用正確的方法愛他，他也會用正確的方法以愛來報答。而且育兒不僅僅是教養，在陪伴孩子的過程中，你也可以從他們身上，反映出真實的自己。只要心態對了，你可以學會更愛自己，並且散發出成熟、自信的光芒。

我的新書策畫長達十年，在即將付梓之際，發現衛生福利部出版的《用愛教出快樂的孩子：零至六歲正向教養手冊》，與本書的出版精神完全一致，讓我深感榮幸。這證明了「德不孤，必有鄰」，我們想傳達給父母們，以正向態度與合適教養方式的理念，竟是如此吻合。

育兒之路是一場馬拉松，不論你的孩子現在是幾歲，學習正確的教養方式，永遠不嫌遲，就讓本書的內容，陪伴你輕鬆駕馭親子關係！

CONTENTS

CHAPTER 1

顛覆傳統的科學教養心法

CHAPTER 2

成功育兒的第一步：就是全家能睡個好覺

CHAPTER 3

三歲前的親子相處重點：建立安全依附關係

CHAPTER 4

三歲前的語言發展重點：在真人互動中有效學習

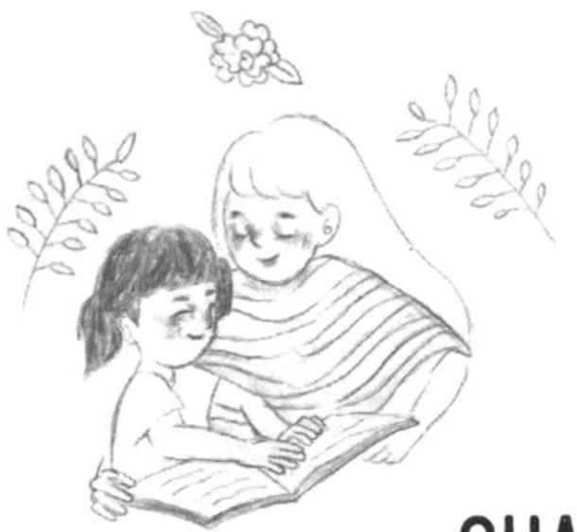

CHAPTER 5

掌握親子溝通技巧，不體罰也能教出好規矩

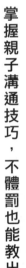

CHAPTER 6

二胎家庭的新挑戰：輕鬆避免手足紛爭

CHAPTER 7

孩子只黏媽媽？幫助爸爸參與育兒的好方法

CHAPTER 8

是專注力不足，還是學習障礙？

CHAPTER 9

孩子來了，愛情走了？掌握幸福婚姻的科學處方

1 CHAPTER

顛覆傳統的科學教養心法

讓我送給各位一句美好的盼望：「不論家庭是貧富貴賤，只要爸媽願意付出時間與精力，絕對可以扮演好父母的角色，成為孩子一生的祝福。」但是下一句話也請不要忘記：「人生最悲慘的事，並非不努力，而是努力一輩子，卻發現走錯了方向。」

01 預防童年創傷：讓親子的愛裡沒有恐懼

一位中國老先生，分享二十年前全家到澳洲討生活往事。有一天孩子的媽媽用筷子體罰八歲兒子，兒子大哭，結果鄰居跑去通報虐童。警察上門來，看到孩子手臂上的條狀紅印子，當場就把兒子帶走隔離，父母與孩子必須相距二百公尺，不得更接近。

一週之後，法庭宣判這對夫妻無罪。法官問八歲兒子：「願不願意跟爸媽回家啊？」沒想到兒子竟然回答：「不要。」就這樣，親子又多隔離了一週，等到孩子同意回家跟父母生活，才解除禁令。

孩子的爹常把這件事當笑話來說，覺得外國人對體罰這件事，實在太愛大驚小怪，還說是兒童安置機構的遊樂設施太好玩了，八歲兒子竟然玩到樂不思蜀，不肯回家。然而，這故事聽在我耳中，卻感到一絲哀傷。

很多人在討論教養方法時，總是在「能打還是不能打」這個議題上打轉，卻忘記了不管教養方式為何，父母的天職是給孩子一份安全感。用筷子略施薄懲，在華人文化中並非太誇張的體罰，但八歲兒子寧可待在機構，不肯跟爸媽回家，這才是最嚴重的警訊。

很多人問我：「黃醫師，你身為兒科醫師，管孩子的健康就好了，幹嘛要跨界關心到家庭與親子關係呢？」我的答案是：因為童年家庭會傷人，而且傷害身心健康的嚴重程度，會長達一輩子。

童年家庭創傷影響成年健康

美國疾病管制署過去這幾年來，大力推廣家庭教育，以及困難家庭的援助，很多人可能好奇：「疾病管制署，不是應該管疾病就好嗎？為什麼會撈過界，關心家庭教養問題呢？」要回答這個問題，就必須提到一個專有名詞：童年家庭創傷指數（Adverse Childhood Experiences, ACEs）。

根據過去二十年各種大型研究顯示，許多成年的慢性疾病，追本溯源，都是源自於這些人童年時期的負面經驗。你可以試著回顧童年的經驗，使用下一頁的表1.1問卷調查，計算童年家庭創傷指數。

做完問卷後，你可能會大吃一驚，原來成年人的健康問題，在童年竟已注定終身（圖1.1）！可別以為一般的家庭，就不會帶給孩子創傷。其實童年家庭創傷指數湊滿四分的情形並不少見，在美國有六四％的人至少得到一分，四分以上的人則高達一二．五％。

表 1.1
童年家庭創傷指數問卷調查與結果分析

童年家庭創傷指數問卷

題目	✓
1. 父母曾經對你辱罵，説輕蔑的話，使你產生心理傷害	
2. 父母過去時常打你、推你、抓你、摑掌、朝你丟東西，讓你身上有傷痕或瘀血	
3. 父母時常以你不喜歡的方式碰觸你的身體，或是要你碰觸他的身體，或是性侵犯	
4. 你不覺得家人重視自己，也不覺得家裡的人是親密的，會互相照顧與支持	
5. 你沒有足夠的食物吃、衣服總是破爛，或是你的父母酗酒或吸毒，對你疏於照顧	
6. 你的父母離婚或分居	
7. 你目睹了母親（或繼母）被父親（或她男友）暴力對待	
8. 你和有酒癮問題或藥物毒品問題的人一起住過	
9. 和你住在一起的人有憂鬱症或其他心理健康疾病，或曾經嘗試自殺	
10. 你的家庭有人曾經入獄	

童年家庭創傷指數結果分析

1 分　未來酗酒的機率稍微提升。

2 分　憂鬱症、性病、慢性肺病與肥胖的機率提升。

3 分　抽菸、藥物成癮、中風、骨折、糖尿病、心臟病的機率增加。

4 分以上　癌症、自殺、失業的機率增加；包含一至三分的所有健康風險，比其他人高出四至十二倍；嚴重者較平均壽命少二十年。

圖 1.1
童年時的家庭創傷，
對成年後的身心健康影響

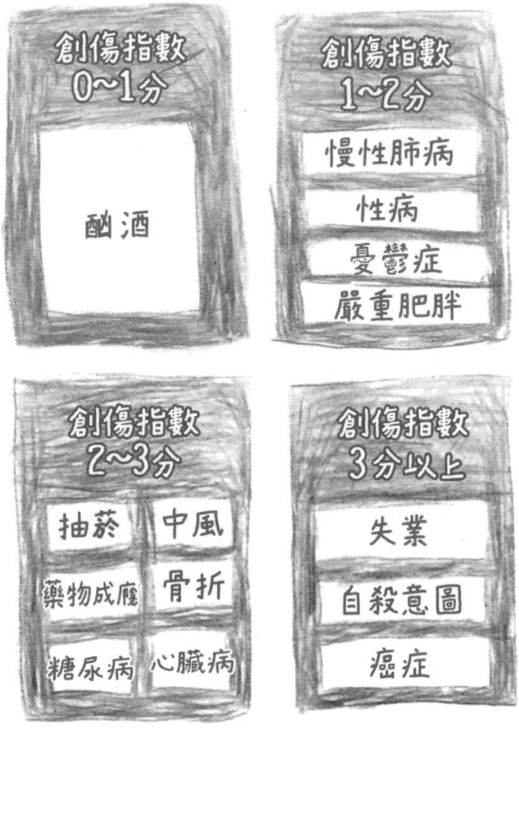

健康人生，從安穩的童年開始

身為一位照顧兒童身、心、靈的兒科醫師，提供父母正確、科學的教養態度，肯定是我的職責所在。父母若能提供一個完整、安全的家庭環境，可以降低兒童壓力荷爾蒙的釋放，讓身體各個器官在發育過程中，能穩定、平衡的成長，未來身、心、靈當然也會變得健康。

兒童的大腦還沒發育完全，若長期處於沒有安全感的高壓環境下，會使自律神經被「帶壞」。壞掉的自律神經，讓人容易緊張、失眠、憂鬱，進而導致免疫力混亂、心血管疾病機率升高、癌細胞增生等，各種疾病接踵而至。

美國貝勒大學（Baylor University）文理學院教授馬修・安德森（Matthew Andersson），在一個契機下得到美國國家老年疾病研究院（National Institute on Aging）的龐大資料庫，挖出不同年代共一千六百多筆美國成年人的健康資料。他的團隊開始逐一電話問卷訪查，了解這些成年人童年的家庭環境、經濟狀況，以及親子感情等因素。結果顯示，低社經地位家庭的孩子，染上不良生活習慣的機率大增，包括抽菸、吃垃圾食物、熬夜等，提高未來罹病的機率，看起來人的健康似乎是由家庭經濟所決定。

但安德森也注意到，如果將「親子感情」這因素特別拿出來計算就會發現，其實有錢與否只是「間接」影響人的健康；直接的因素，反而是「良好的親子感情」：親子關係不良的高社經地位家庭，孩子長大後健康情形依然很糟；親子關係良好的低社經地位家庭，孩子長大後仍可以保持健康。

也就是說，不論家中的社經地位如何，如果父母能調整生活的重心，多放一些溫暖與陪伴在家庭中，讓孩子「心安」，他的身體自然也會變得健康，而且不是只有在兒童時期，是一輩子都更健康。

看到這裡，各位爸爸媽媽是否被喚醒了呢？原來學習正確的教養方式，對孩子將來一輩子的幸福，真的是非常、非常的重要！

什麼是「正確」的教養方法？

《教養的迷思》（*The Nurture Assumption*）作者茱蒂．哈里斯（Judith R. Harris），在二十年前曾經戲謔的說：「如果有人想要教你如何教養孩子，最好的方法就是轉身快跑，別聽他鬼扯。」她的研究指出，過去百年許多與教養相關的傳言，通常禁不起科學的認證，所以要非常小心教養的迷思。哈里斯的這句話，在某個程度上是真知灼見。

君不見如今隨便在網路上搜尋，教養相關的文章成千上萬？每個網媽都振振有辭的宣稱，自己的教養方式多好又多好，她教出來的孩子多棒、多優秀。雖然我相信她們的孩子確實優秀，但分享自己的幸福故事，然後宣稱「跟著我這樣教養準沒錯」，當中存在非常巨大的邏輯謬誤。要大聲說「請你跟我這樣教養」，必須經過長期或大規模的研究證實有效，這是科學時代必須擁有的謹慎態度。個人的教養經驗分享，只能當作勵志文摘來看，不能當作真理相信。

某次我看到網路影片，一位父親命令他孩子在冰天雪地中行軍，藉此訓練堅忍不拔的毅力；不只如此，他還奮勇開班授課，提倡「斯巴達教育法」，像這種荒謬的鬧劇竟然還有人誤信，我看了真是頻頻搖頭。難怪哈里斯在她書上疾呼：「別鬧了！閒雜人等請別再用你美化過的教養故事，加重新手父母的育兒壓力！」

從童年家庭創傷指數研究中，我們至少可以摸索出一個正確的大方向，若用一句話來形容這項原則，那就是：讓親子的愛裡沒有恐懼。這句話將會是本書反覆強調的科學育兒心法。很多家長可能會懷疑，「怎麼可能？孩子如果不怕我，要怎麼教？」

相信我，從頭到尾看完這本書之後，你就知道怎麼做了。

02 訂立教養目標：「享受」良好的親子關係

上大學的時候，每一堂課都會有個「學習目標」；在職場，我們會擬定「業績目標」。然而，成為新手父母的我們，為什麼夫妻沒有坐下來開會，討論一下未來的「教養目標」呢？

漫無目的的育兒，是一件非常慌亂的事。有了孩子後的每一天，我們都要面對許多抉擇：替孩子準備什麼食物？找什麼學校？玩什麼運動？如果父母心無定性，總是猶豫不決或朝令夕改，家庭就會陷入各種混亂。

或許你會說：「我的教養目標，就是什麼都要啊！孩子要健康、要長得帥、要高學歷，又要賺大錢……。」這當然也不是不可以，但總是要條列出優先順序，以免當緊急時刻，魚與熊掌不可兼得時，陷入慌亂與挫折。

我鼓勵大家在訂立教養目標時，必須誠實面對自己的內心，不要說謊。有時候，父母們會說出一些聽起來「政治正確」的話，例如：「只要孩子開心長大就好啦！」「我希望他健健康康就好啦！」結果卻潛藏了自己原生家庭遺傳的某些「暗黑版」期許，這樣很容易人格分裂。

舉例來說，有一次我主持的電視節目《愛＋好醫生》，在路上街訪二十對親子。當工作人員問媽媽：「會不會在意孩子學校的分數成績？」高達十八位媽媽都表示不在意，「只要孩子認真努力就很滿意了。」諷刺的是，當我們轉頭問孩子：「你們覺得媽媽會不會很在乎，考試要考一百分？」二十位孩子全部點頭。這些媽媽們可能需要報名演員訓練班，再多加練習、練習，才能騙過孩子。

不論你的孩子現在幾歲，你期待孩子將來成為什麼模樣？你的教養目標是什麼？來，勇敢的寫下來，別害羞，我先隨便列幾項（表2.1），拋磚引玉給大家思考。

這個表格的項目內容，有說出了你的心聲嗎？我自己是二個孩子的父親，覺得這表格恐怕不夠，應該還可以多列出個二十項吧！不管怎麼說，現在「教養目標」已經擬定，讓我提出下一個關鍵的問題。針對這些目標，是否有現成的科學研究成果能告訴我們，什麼方法會有「較高的機率」達成？

答案是肯定的。

表 2.1
我希望孩子能夠……

嬰幼兒時期	1. 白白胖胖 2. 奶吃得好 3. 睡得好，一覺到天亮 4. 不常哭鬧 5. 動作發展比別人快 6. 不挑食 7. 語言發展比別人快 8. 不生病 9. 快速建立生活常規 10. 跟人相處大方、不害羞
學生時期	1. 身高要高，長相端正 2. 快快樂樂 3. 對長輩彬彬有禮 4. 在學校認真學習 5. 回家自動自發做功課 6. 每一科成績都名列前茅 7. 精熟某一項才藝 8. 身體健康 9. 不交壞朋友 10. 會幫忙做家事
成年時期	1. 賺很多錢 2. 孝順父母 3. 為人正直，不作奸犯科 4. 不惹上官司 5. 廣結善緣，光宗耀祖 6. 成立家庭，生兒育女 7. 孫子、孫女能健康快樂，吃好睡好，發展良好，學習表現優良，賺很多錢，光宗耀祖……

關於教養目標的三個研究

美國北卡羅來納大學教堂山分校（UNC Chapel Hill）曾經在一九七二至一九七七年之間，執行了一個長達四十年的世代研究。上百名弱勢兒童，從出生開始隨機分組，其中一組孩子在五歲之前，每天會有研究員家訪八個小時，教導這些社經地位較差的父母，如何輕鬆的親子共讀、跟寶寶遊戲互動等。

三十五年後，這些曾經接受幫助的孩子長大成人，平均血壓明顯較低，沒有半個人罹患高血壓、高血脂、高血糖。反觀對照組，已經有四分之一的男性罹患代謝症候群。

如果你的教養目標跟健康相關，這裡有答案：五歲前的親子陪伴，可以讓孩子更健康。

接下來這項研究更是關鍵。二〇一六年西班牙奧維耶多大學，針對兩千名十二到十八歲「誤入歧途的青少年」進行調查。這些青少年，有一半屬於反社會人格，或者有暴力傾向，而另一些人，則是跟反社會人格的朋友混在一起，也就是所謂的「交壞朋友」。研究者想知道，什麼樣的家庭教育，比較容易養出誤入歧途的青少年，或者哪些孩子交了壞朋友後，容易深陷其中無法自拔。

他們把父母教養的手段分成六大類：一、溝通與交流；二、行為賞罰；三、釋放自主權給孩子；四、分享自己的經驗；五、運用幽默感化解，以及；六、情緒操弄。猜猜看，這六種親子互動，父母運用哪一種教養手段最危險，最容易教出所謂的「壞囝仔」？

研究結果發現，答案只有一個，那就是——情緒操弄，或者更加嚴重一點，叫做情緒勒索。

情緒勒索常見的句型有：你這樣很不孝；你這樣很丟爸媽的臉；你害我血壓高；你害我昨天睡不著，吞了好幾顆安眠藥；你如果這樣對我說話，我不如死了算了；早知道不要生下你們，為了你們犧牲了我自己……等。這些句型有一個共同的意念，那就是——父母目前面臨的悲觀情緒，都是孩子造成的，所以孩子要負責好好表現，來取悅父母。

大量使用情緒操弄的父母，讓孩子背負著父母的情緒操弄所衍生的罪惡感；他們面對自己人生難題已經夠累了，還要扛著家人的情緒勒索，漸漸這些孩子會變得安靜，在家裡不能說真話，不能做自己，暴躁、易怒，逐漸形成反社會人格、憤世嫉俗的個性。

因此，如果你的教養目標包括智商、情緒管理、奉公守法等，這裡有答案：陪伴孩子時，切忌使用情緒勒索的字眼。看看上面條列的六種溝通方法，還有五種可以使用啊！可以賞罰，可以分享經驗談，爸爸還可以用幽默的笑話傳達意念，唯獨就是情緒操弄萬萬不可取啊！

二〇一五年，日本國家政策智庫RIETI[1]發表關於「童年時接受的教養態度，與成年時薪資高低關聯」的研究。

一共有五千名日本成年人接受訪查。之後，研究人員根據調查結果，將父母教養態度分成五種類型：支持型、嚴格型、討好（迎合）型、放任型、虐待型。關於各類型教養特色，請參圖2.1。

三十年後，第一種「支持型父母」所教出的孩子，成年後平均薪水最高、學歷最高，而且幸福感最高。第二名是嚴格型父母，虎爸與虎媽養出了第二高薪、高學歷的子女，但子女卻有較低的幸福感及較高的焦慮指數。討好（迎合）型父母和放任型父母，他們教出的孩子結局差不多。虐待型父母教出的孩子，則是薪資、學歷、安全感及幸福感，全盤皆輸（圖2.2）。

支持型父母高度信任孩子，對教養兒童有高度興趣（應該也是會買這本書回家，並且認真閱讀的父母），陪伴孩子的時間很長，給孩子七成的獨立自主空間，但不是全盤放任孩子做決定。

支持型父母和嚴格型父母的差別在於，願意放手給孩子更多的獨立空間；而和討好型父母的差別，則是保留了一些規矩必須遵守。至於放任型父母，看似自由民主，其實是完全沒有在教養。

註1
獨立行政法人經濟產業研究所（Research Institute of Economy, Trade and Industry）。

圖 2.1
五種類型父母的教養態度

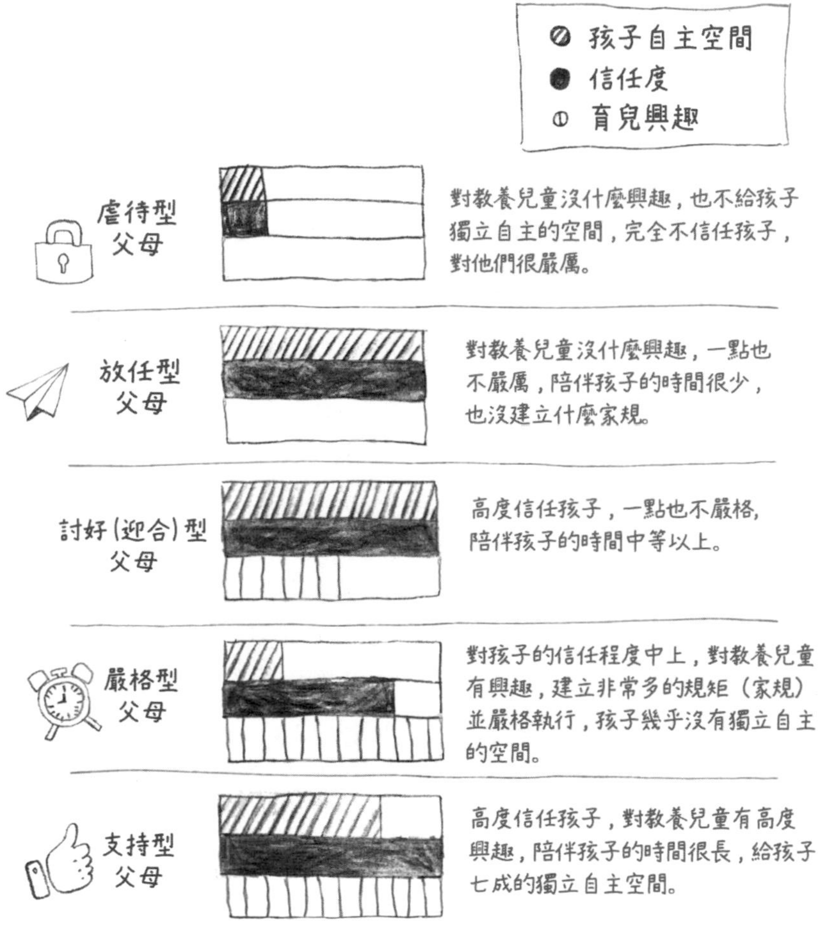
孩子自主空間
信任度
育兒興趣
虐待型父母
對教養兒童沒什麼興趣，也不給孩子獨立自主的空間，完全不信任孩子，對他們很嚴厲。
放任型父母
對教養兒童沒什麼興趣，一點也不嚴厲，陪伴孩子的時間很少，也沒建立什麼家規。
討好（迎合）型父母
高度信任孩子，一點也不嚴格，陪伴孩子的時間中等以上。
嚴格型父母
對孩子的信任程度中上，對教養兒童有興趣，建立非常多的規矩（家規）並嚴格執行，孩子幾乎沒有獨立自主的空間。
支持型父母
高度信任孩子，對教養兒童有高度興趣，陪伴孩子的時間很長，給孩子七成的獨立自主空間。

資料來源：日本國家政策智庫（RIETI）的研究。

圖 2.2 支持型父母，孩子未來的薪資較高

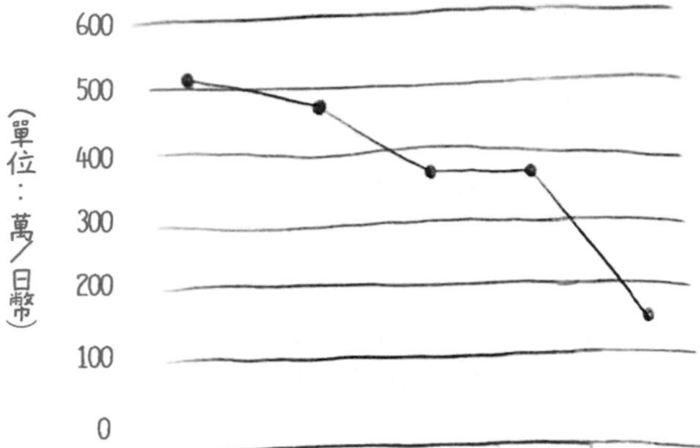

	支持型父母	嚴格型父母	討好(迎合)型父母	放任型父母	虐待型父母
孩子年收入平均所得	508.7	474.5	360.5	358.06	140

資料來源：日本國家政策智庫（RIETI）的研究。

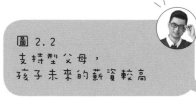

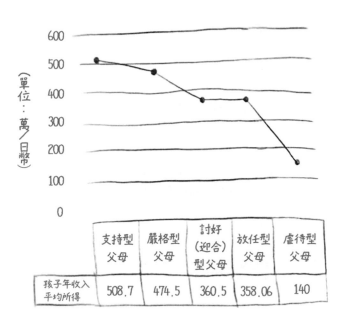

如果你的教養目標跟孩子未來薪資、學歷、幸福感相關，希望孩子未來能夠賺大錢，那麼這裡有答案：成為一位支持型父母。

現在捫心自問，你是哪一型的父母呢？當然我會希望，大家在讀完這本書之後，都能慢慢調整自己的教養態度，成為支持型父母，為孩子的人生帶來正面影響。雖然不能一步登天，但總是可以達成。

親子關係四大原則：切勿傷害、兒童自主、行善原則、公平正義

醫生在醫學院畢業時，必須熟悉所謂的「醫學倫理四大原則」，分別是：切勿傷害、病人自主、行善原則、公平正義。

在一片醫者心腸背後，千萬別熱情衝過了頭，以免帶給病人更深的傷害，這叫做「切勿傷害」；醫療的主體不是醫生，而是病人，因此做任何決定，都要尊重病人的意願，這叫做「病人自主」；行善目的是為病人好，而非為了沽名釣譽或求取財富，做出利己不利他的決定，這叫做「行善原則」；任何病人不論貧富貴賤，理當一視同仁對待，這叫做「公平正義」。

我認為這四大原則，跟親子關係極為類似。父母在教養孩子時，似乎也必須遵守這四大原則（表2.2）。

這四大原則中，我特別要提到「行善原則」。本篇前面我們洋洋灑灑列出許多教養目標，假設這些目標最後都能夠圓滿實現，請容我多問一句：「是為了誰的利益？」

有些父母替孩子訂下人生目標，口口聲聲說是為了孩子好，但仔細想一想，背後其實是想順便圓滿自己。他們養兒是為了防老；希望孩子賺大錢，是要他將來買房給父母住；孩子的高學歷，是給父母臉上貼金……這些心態，基本上已經違背了「行善原則」，擺明是為了利己，而非利他。

表 2.2
親子關係四大原則

原則	說明
切勿傷害	千萬不要藉口為了孩子好，給予錯誤的管教，反而帶給他更多傷害。
兒童自主	尊重孩子的個人意願，凡事皆可商量，盡量不強迫。
行善原則	教養的基本原則應該是利他，而非利己。
公平正義	如果家有二寶，切記手足一定要公平對待，否則會成為撕裂家庭的導火線。

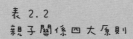

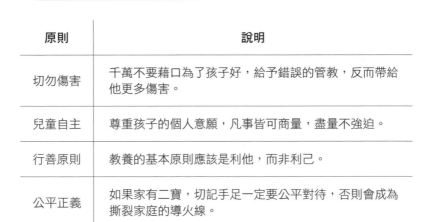

這是為人父母最深的罪惡。

雖然自私是天性，期待「孩子功成名就之後盡孝」是人之常情，但父母們在教養子女時，都必須小心謹慎。我每天都會反覆提醒自己：「這絕對不是我為人父母，養兒育女的最終目標。」

孩子是上天賜下最美的禮物，讓父母心中的愛能有個出口，源源不絕的流出。孩子若能健康快樂、聰明伶俐，那是因為父母無私的付出愛，自然而然得到的祝福，絕不是強摘下來的果實。因此，能夠與孩子一同成長，一起「享受」良好的親子關係，這才是我的教養目標。

在這篇的最後，我想用黎巴嫩詩人紀伯倫的〈孩子〉（On Children）一詩，來替我們的教養目標劃下注解：

你的孩子不是你的，
他們是「生命」的子女，是生命自身的渴望。
他們經你而生，但非出自於你，
他們雖然和你在一起，卻不屬於你。
你可以給他們愛，但別把你的思想也給他們，因為——他們有自己的思想。

Your children are not your children.
They are the sons and daughters of Life's longing for itself.
They come through you but not from you,
And though they are with you, yet they belong not to you.
You may give them your love but not your thoughts,
For they have their own thoughts.

你的房子，可以供他們安身，但卻無法，讓他們的靈魂安住。
他們的靈魂住在明日之屋，那是一個你做夢也去不了的地方。
你可以勉強自己變得像他們，但千萬別讓他們變得像你。
因為生命不會倒退，也不會駐足於昨日。

You may house their bodies but not their souls,
For their souls dwell in the house of tomorrow,
which you cannot visit, not even in your dreams.
You may strive to be like them, but seek not to make them like you.

For life goes not backward nor tarries with yesterday.

你好比一把弓，
孩子是從你身上射出的生命之箭。
弓箭手（上帝）看見遠方的箭靶，
祂大力拉彎你這把弓，
期望能將箭射得又快又遠。

You are the bows from which your children
as living arrows are sent forth.
The archer sees the mark upon the path of the infinite,
and He bends you with His might
that His arrows may go swift and far.

欣然屈服在上帝的手中吧，
因為祂既愛那疾飛的箭，
也愛那穩定的弓。

Let your bending in the archer's hand be for gladness;
For even as He loves the arrow that flies,
so He loves also the bow that is stable.

03 面對失敗的勇氣：無條件的接納孩子

「如果你不哭，我才抱你。」這是對小嬰兒說的。

「如果你乖乖練鋼琴，我才會讓你看卡通。」這是對學齡前兒童說的。

「這次考試如果有前三名，我才帶你去迪士尼樂園玩。」這是對更大的孩子說的。

幾乎所有家長都曾經使用過這樣的句型來「操控」孩子——包括我在內。「如果你怎樣怎樣……我才會如何如何……。」這樣的說話術確實很好用，好比在驢子前面掛了一串胡蘿蔔，讓孩子為了追逐前方的「好東西」，進而轉化為驅使自己往前的動機。

不只是家長，老闆們也都是這樣對員工的。他們常說：「如果你這一季達到KPI，我就給你加薪。」「如果你談到這個案子，我才讓你休假。」這種威脅利誘的做法，雖然提供了工作動機，但大家骨子裡都清楚，這不過是血淋淋的利益交換罷了。

當老闆用這種句型和你對話時，你並不會感覺老闆「愛」你，基本上只是各取所需，互不相欠而已。

不過在溫暖的家，這裡是父母與孩子談情說愛的地方，反覆和孩子談條件，並不是一件好事。心理學家兼兒科醫師卡爾．羅傑斯（Carl Rogers）曾經說過：「人心最大的需求，就是能夠被他人『無條件的接納與包容』。」而最適合扮演「無條件接納者」角色的，當然就是自己的父母與家人。

被無條件接納的孩子，考試考壞了也不自卑

荷蘭烏特勒支大學（Utrecht University）曾經做過一項研究：他們邀請二百四十七位年齡在十一至十五歲的兒童（青少年），進行了一項「心理測驗」。測驗時間只要十五分鐘，內容非常簡單，孩子們被分成三組，發下紙筆，請他們一人寫一則故事（表3.1）。

三週之後，剛好是學校期末考，同學們有些人考得不錯，有些人分數不甚理想。成績公布之後，老師邀請同學們填寫一份心情評量表，比如：「你感覺沮喪嗎？憤怒嗎？或是高興嗎？得意嗎？」之類的情緒指標。

有趣的事情發生了！三週前被分發到第一組，描寫「曾被無條件包容與接納」故事的孩子，即使考試考差了，也不會太過沮喪或自卑，恢復自信心的速度也比較快。反之，另外二組孩子的情緒，與成績呈現高度相關，成績好的人會得意忘形；成績不好的人會陷入沮喪憂鬱，需要更長的時間才能恢復自信（圖3.1）。

表 3.1
荷蘭烏特勒支大學心理測驗

組別	說明
無條件被接納組	描寫一位肯「**無條件接納自己**」的朋友，就是不管他做了什麼蠢事、錯事、丟臉的事，這位朋友還是會像從前一樣愛他，珍惜彼此的友誼。
有條件被接納組	描寫一位「**有條件接納自己**」的朋友，也就是只有當他表現好的時候，朋友才正眼看他，但若是做錯事、出了糗，朋友就不太搭理的那種。
對照組	描寫一位跟他完全不熟的同學，就是一則平淡無奇的故事。

圖 3.1
無條件的接納孩子，
能避免他產生自卑感

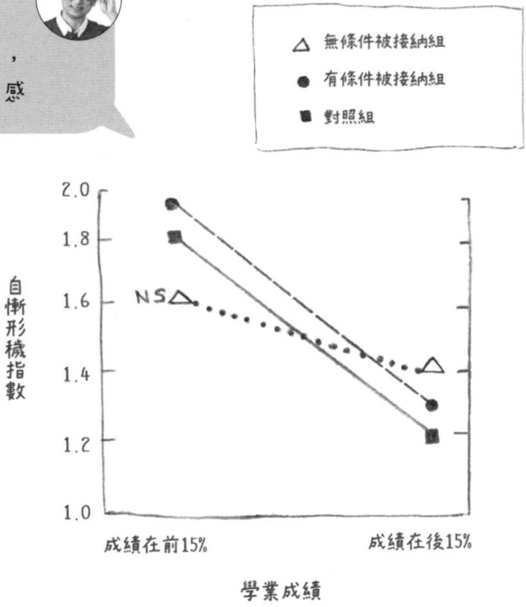

這個實驗告訴我們，經歷失敗挫折的孩子，只要心裡有一點點溫暖，想起「不管我的表現有多糟糕，世界上至少還有一個人，曾經無條件的接納我、包容我」，這麼一個單純的信念，就能支撐他度過情緒的低谷，從失敗中重新站起來。而這個能無條件接納他的人，或許是好朋友，可能是好老師，最理想的對象，當然是父母及家人。

人心最大的渴望：被所愛的人無條件接納

當然我們都承認，即使是最愛孩子的父母，也不可能百分百接納與包容孩子，但既然這件事如此重要，就更不能放棄不做。若我們時常對孩子說：「如果你怎樣……我才會如何……。」這種有條件的說話方式，很難傳達父母無條件的包容與接納。

更糟糕的用詞還有「如果你沒有怎樣……我就不愛你了／我就不要你了／你就不要回來了／你就丟盡我們家族的臉！」這些話千萬、千萬不要說出口，你會讓孩子挫折忍受度變低，更容易失去自信，最後走向自暴自棄。

孩子們還小的時候，我很喜歡讀一本繪本給他們聽，書名叫做《做媽媽的都是這樣》（*The Way Mothers Are*）。故事裡有一隻小貓，牠年紀還小，整天玩耍嬉鬧，時常製造麻煩給媽媽收拾。有一天，小貓在樹枝上盪著，開口問媽媽：「媽媽，妳愛我嗎？」牠心裡想著，自己那麼調皮搗蛋，媽媽還會愛牠，應該是因為自己很聰明，也很會畫畫，還有、還有，牠偶爾會很疼惜妹妹，做事也很有規矩……總之，一定是牠做了什麼好事，才讓媽媽愛自己。

但貓媽媽是怎麼回答小貓呢？貓媽媽抱住小貓，輕輕對牠說：「我愛你，因為你是我的小孩啊！從你出生的那一刻開始，我就無微不至的照顧你。你不應該認為你乖我才愛你，你頑皮我就不愛你了，知道嗎？」

「就這樣？」小貓追問：「這麼簡單？」

貓媽媽慈愛的看著小貓，對牠笑得好溫柔，說：「是啊，就這麼簡單，做媽媽的都是這樣哦！」

每當我讀到這裡時，都會再次跟孩子們強調：「爸爸媽媽就是這樣無條件的包容，無條件的接納，無條件的愛你們，就這麼簡單。」

接納的力量：斑馬腿女孩

帕蒂斯．比爾德（Patience Beard）是美國阿肯色大學的啦啦隊員，和其他人不同的是，她只有一條腿。因為出生後被診斷為一種叫做「股骨近端局灶性缺損」（Proximal Femoral Focal Deficiency, PFFD）的疾病，導致一條腿無法正常發育，必須截肢才不會影響正常生活。

當她還是小女孩時，因為覺得義肢很醜，曾經告訴她的母親，希望自己能穿著長褲遮掩左腳。但她的母親說：「可是這樣一來，別人所看到的，就不是真正的妳了。媽媽愛妳的全部，所以覺得不需要遮遮掩掩，這樣才能讓其他人，認識真實的帕蒂斯．比爾德。」得到媽媽完全的包容與接納，比爾德也接受了自己的缺陷，並且靠實力站上啦啦隊舞台。她還要求醫生將左腳的義肢漆上斑馬條紋，在比賽中滿場飛舞，成為全場的焦點，也成為她「斑馬腿女孩」的註冊商標。

或許我們的孩子不像比爾德一樣，帶著「少了一條腿」這麼明顯的疾病，但依然會有其他隱形的缺陷，可能是情感上的缺陷（比較黏人，需要安撫）、能力上的缺陷（音感不佳、運動細胞不好），或者外表被貼上缺陷的標籤（矮小、胖瘦、膚色）等。身為無條件的包容者，我們能否和比爾德的媽媽一樣，願意接納孩子的全部？

比爾德的媽媽在訪談中，說了一句發人省思的話：「有時候我感到羞愧，甚至希望自己能像女兒一樣，如此接納自己的一切。」一位悉心教導女兒勇敢接受缺陷的母親，有時也無法愛自己，無法接納自己的內心與外表。因此在愛孩子之前，或許讓我們先從接納自己開始。回想一下生命中的一位貴人，曾經無條件接納與包容你的故事。

爸爸媽媽們，你接納自己嗎？請先努力接納自己的全部，或者回想起一位生命中能無條件愛你的人。如此，我們才有能力在育兒過程中，無條件的包容與接納孩子。

04 成長性思維：父母最該送給孩子的禮物

若要說本世紀最火紅的發展心理學家，應該非史丹佛大學的卡蘿·杜維克（Carol Dweck）莫屬了。藉由網路世界的推送，杜維克大力倡導一項學說，這學說經過反覆的科學驗證，可以幫助兒童擁有學習動機，而且成效卓著。我個人認為這項理論實在太棒、太重要，所以請大家仔細聽，它叫做——成長性思維（growth mindset）[2]。

成為傳遞「成長性思維」的父母

究竟什麼是「成長性思維」呢？簡單來說，就是讓孩子真心相信一件事：「智能不是先天注定，而是可以無限增長的。大腦就跟肌肉一樣，只要天天練習與使用，大腦就會像肌肉一樣，愈練愈發達。」

既然大腦像肌肉一樣，可以愈練愈發達，所以永遠是「未來的自己」跟「過去的自己」相比。明天的我會比今天好，後天的我會比明天好，我的未來沒有窮盡。孩子可以擁

註 2
又譯為「成長型心態」。

有豐沛的學習欲望，而且願意接受任何新的挑戰。

反之，如果讓孩子誤以為智力是天賦，是遺傳的，無法靠後天加以改善，這就落入了相反的「定型化思維（fixed mindset）」[3]陷阱，進而扼殺孩子的自信與創意。很不幸的，我發現有許多家長與老師，可能本身也被從小的「定型化思維」綑綁，因此常在不知不覺間，將同樣的思維傳遞給孩子，真的很可惜！

舉例來說，當孩子拿著很糟糕的成績單回家時，如果父母面露焦慮，對孩子又氣又罵，這種反應傳達出來的信息，就是「你永遠都會是這麼笨，所以我現在才這麼焦慮」，定型化思維就在言語之中，進入了孩子的腦袋裡。

成長性思維的父母則不然。第一，他會帶著輕鬆、自然的表情；第二，他會告訴孩子：「幸好老師有考這些你不會的題目，否則我們就沒機會學習了。」第三，他會跟孩子一起，把不懂的部分弄清楚；第四，全部學會之後，他會問孩子：「怎麼樣？有沒有覺得大腦的小肌肉，又變得更結實啦？」如果孩子始終學不會，他會去尋求專業的幫助，看孩子是否需要特殊的教學方式；而不是惱羞成怒，怪東怪西。

成長性思維的父母會告訴孩子：「學習就像球類運動一樣，有人擅長踢的，有人擅長拍的，但只要多加練習，沒有人是學不會的。在不同的學習中，有人學得快，有人學得慢，但你不用在意其他人。只要肯練大腦的小肌肉，就會持續進步，愈來愈聰明。」

註 3
又譯為「固定型心態」。

負面言語帶來三種錯誤思維：個人化、廣泛化、永久化……

反過來說，家長時常脫口而出的負面言語，舉凡你笨、你蠢、你懶、你不專心，很容易一個不小心，就扼殺了孩子的成長性思維。

被稱為「正向心理學之父」的心理學家馬汀·塞利格曼（Martin Seligman），曾經把負面言語帶給孩子的心理傷害，歸納為三個P，分別是個人化（Personalized）、廣泛化（Pervasive）、永久化（Permanent）三項（表4.1）。

舉例來說，老師只有罵孩子一件事做不好，但是今天罵，明天也罵，漸漸會讓孩子覺得，我「這個人」很糟糕（個人化）；當老師再多罵二、三件事，孩子的

表 4.1
負面言語帶來三種錯誤思維

類別	說明
個人化（Personalized）	認為會發生不好的事，都是我自己的問題。
廣泛化（Pervasive）	將壞事擴大解讀，對生活其他面向也產生負面情緒。
永久化（Permanent）	覺得沒有希望，壞的事情永遠無法好轉。

自信心繼續崩解，並認為自己「所有事情」都做不好（廣泛化）；隨著被罵的時間一長，孩子自覺「永遠」無法變好（永久化），最終失去努力的動機，什麼事都一副無所謂的樣子，什麼事情都說：「I don't care.」

當孩子被負面言語逼到三個P的慘境時，成長性思維就變得更遙不可及了。

空泛的讚美會扼殺成長性思維

聽到這裡，你可能會以為：「哦，黃醫師，我知道啦！總之就是要常常稱讚孩子，對吧？」嗯，答案是……不一定哦！因為除了嫌惡的批評會扼殺成長性思維之外，空泛的讚美同樣會扼殺成長性思維！

史丹佛大學曾在一所小學進行研究，對五年級同學進行智力測驗。第一堂課，老師使用非常簡單的試卷考試，二個班級的孩子都考出很高的成績，同學們都相當開心。

考試結束後，老師對甲班學生大力稱讚：「天啊！你們是我教過最聰明的學生，太厲害了，太棒了，未來真是不可限量啊！」

但是到了乙班，老師換了說法：「你們是我見過最努力的學生，每次考完試，看到你們都會把寫錯的題目找出來，互相討論，老師看了很感動。大腦就像肌肉，愈練會愈結實，我相信你們的大腦，也會愈練愈強壯。」

這件事過沒多久，老師利用第二次期中考，來用力打趴所有孩子的自信心。他出了一份非常困難、超過孩子能力所及的試卷，結果毫無意外，二班同學都考得慘兮兮。

這次考試結束後，那些被稱讚「資優生」的甲班學生，信心遭受到嚴重打擊，之前被稱讚聰明的優越感不再，導致情緒長期處於低潮中，接下來的第三次考試，甲班平均分數退步了二〇％。令人意外的是，那些被稱讚「很努力」的乙班學生，在考不及格後並沒沮喪太久，很快就從內在心智中找到力量，並且重新站起來。大家一起把不及格的考卷拿出來研究，切磋出正確的解題方法，到了第三次考試，乙班平均分數增加了三〇％。

這項研究證實，空泛的讚美「你好聰明」、「你好厲害」、「你好棒」，只會讓孩子產生虛榮心，進而造就定型化思維（我永遠都是這麼優秀）。這樣的孩子禁不起失敗，而且為了保留面子，甚至會作弊與說謊。反觀被稱讚「努力」、「持之以恆」的孩子，才能培養出成長性思維，不論失敗幾次，仍愈挫愈勇。

俗語說：「失敗為成功之母。」而在「成長性思維」的理論中我們看見，不論是空泛的讚美或嫌惡的批評，都會讓孩子無法從失敗中站起來，不僅失去學習動機，更遑論走向日後的成功！

空泛的讚美還會造成自戀性格

希臘神話中有位美少年叫納西瑟斯（Narcissus），他因為太過自戀而餓死，死後成了河邊的水仙花，仍然癡情的凝望水中自己美麗的倒影。水仙花的英文正是以納西瑟斯為名，而自戀性格的英文 Narcissism，也是從他而來。

「自戀」並不等於「自信」，二者在心理學上，是完全不一樣的性格。如果讓自戀者與自信者分別描述自己，自戀者會傾向選擇「我覺得自己比別人優秀許多」，而自信者則會選擇「我每天都願意接受新的挑戰」或「做自己很開心」。

以兒童心理學的角度來看，七歲之前的孩子，天生下來都是自戀狂。舉例來說，如果你問幼兒園的小朋友：「你們班上誰最乖啊？」每個小朋友都會自以為是的認為是自己。但到七歲之後，這些孩子的眼睛，會從頭頂降回一般的高度，大家開始懂得互相比較，並且分析自己的優點與缺點，這時老師再問同樣的問題，大部分小朋友應該都不會舉手了。

想像一下，如果幼兒的自戀性格，不幸延續到七歲以上，甚至到青少年時期，那肯定不是一件好事。根據心理學家的觀察，自戀的小孩永遠認為自己比別人優秀，心中持續幻想著一些不存在的成功事蹟，認為自己配得更多的注意，以及更多的讚美。然而他們一旦被羞辱，就會「見笑轉生氣」，甚至訴諸暴力反擊。長期的觀察研究顯示，有自戀性格的人長大之後，有更高的機率會使用毒品，以及罹患憂鬱症、焦慮症，或是成為罪犯、強暴犯等負面的結果。

在荷蘭阿姆斯特丹大學的兒童發展與教育學系，有個研究團隊發表了一篇文章，標題是〈兒童自戀性格的養成〉（Origins of narcissism in children），內容揭露一項令人驚訝的研究成果。他們發現，兒童的自戀性格若延續到七歲以上，並不是基因遺傳的緣故，而是父母教養態度中「過多的空泛讚美」導致的結果。

家長如果告訴自己的孩子：「你比其他同學來得優秀。」那就有很高機率教出自戀的孩子；反之，家長如果時常用各種方式，對孩子表達「我愛你」，沒有使用過度的稱讚，教出來的孩子則會擁有自信。研究也發現，這些自戀性格的養成，跟父母有無付出陪伴並無直接關係，所以別以為「有陪伴就是好父母」，還必須學會「正確的陪伴」才行。

正確稱讚孩子三部曲

所以，如果父母想帶給孩子成長性思維，在孩子失敗時，要盡力隱藏那些失望或輕蔑表情。除此之外，在孩子表現好時，避免浮誇的吹捧，而是給予「正確的稱讚」。父母可以練習減少空泛的「好棒」、「好帥」等詞彙，暫停個幾秒鐘，花一點心思，思考孩子真正的努力或良好的品格，進而給予適當的讚美。

我們來練習一下稱讚孩子三部曲順序（圖4.1）。

圖 4.1
正確稱讚孩子三部曲

孩子做了一件
令人開心的事情
孩子，你的
努力我看見
爸爸／媽媽覺得
你是一個有____
特質的孩子

如果以考試為例，我們可以這樣說：

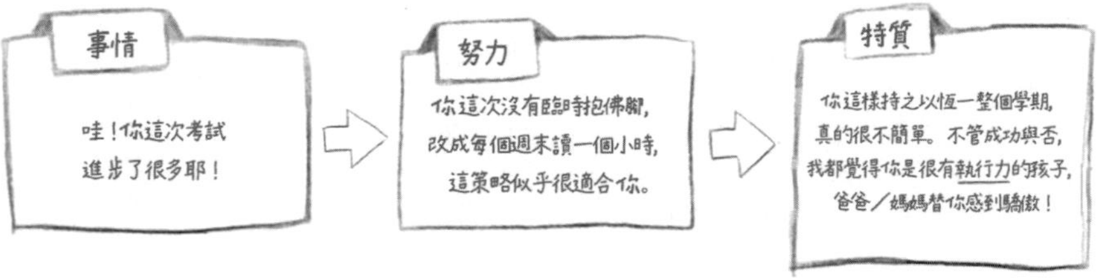

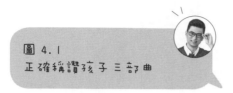

事情
哇！你這次考試
進步了很多耶！
努力
你這次沒有臨時抱佛腳，
改成每個週末讀一個小時，
這策略似乎很適合你。
特質
你這樣持之以恆一整個學期，
真的很不簡單。不管成功與否，
我都覺得你是很有執行力的孩子，
爸爸／媽媽替你感到驕傲！

這樣的稱讚方式不是空泛的讚美，而是將孩子的品格特質，放進他們心坎裡。請注意！稱讚孩子三部曲的第三步驟，告訴孩子我們對他的某項特質感到驕傲，是不可省略的重點。為什麼呢？因為孩子可能下次遇到挑戰時，也付出同等程度的努力，到頭來卻以失敗收場，恐怕會覺得挫折而無法堅持下去。但是被爸爸媽媽稱讚一項人格特質，像是「有毅力」、「有愛心」、「有成長性思維」等，就可以慢慢讓孩子相信，成為他自我認同的一部分。

這就是目前美國教育界的主軸：品格教育（character education）。品格教育不是貼標語，也不是道德洗腦，而是真正的讓孩子喜歡上自己與生俱來的好品格，進而在學習上，工作上，人際關係上，都產生堅而不摧的信念。所以啊！快快趁孩子在我們身邊的這幾年，好好給他們「洗腦」一下吧！

本書到目前為止，介紹了四個育兒心法：愛裡沒有恐懼、享受親子關係、無條件的接納，以及送給孩子「成長性思維」。接下來本書都會使用這四個心法，來貫穿所有的育兒難題，相信我，只要方向對了，一切都會變得輕鬆又簡單！

05 急什麼？身心發展從嬰兒到成年人，要到二十歲才趨於成熟

很多家長會因為不清楚孩子的發展步調，時常為一些無關緊要的小事窮著急，以至於教養孩子時「優雅不起來」。這些小事包括睡眠訓練、何時自己吃飯、何時自己如廁、是否太瘦或太矮等問題。因為對孩子的身體健康感到焦慮，進而影響了教養的態度，這是新手父母常面臨的困境。

在這一篇中，讓我從醫學專業的角度，舉出一些教養常見的迷思，來紓解一下父母們的緊張。

發展焦慮一：生長曲線（身高／體重）

俗話說：「人比人，氣死人。」寶寶的身高／體重更是如此。若是同卵雙胞胎之間比較還情有可原，最糟的是，婆婆媽媽們拿家族中「最高、最胖」的巨嬰當作「正常指標」，把其他堂兄弟表姊妹都講成營養不良，像非洲難民，就是莫名其妙、自找麻煩了。

如果要預測接下來一、兩年的身高／體重百分比，出生時的高矮胖瘦並不準確，比較準確的指標，是寶寶六個月大時的身高／體重百分比。長期而言，這個百分比到五歲之前，大部分孩子不會改變太多，請自己跟自己比就好，千萬不要跟別人比。六歲之後到青春期，孩子的身高可以用父母的身高來預估。我們要知道遺傳基因的力量強大，除非孩子成長速率過於緩慢，與計算出的預期身高相差太多，這時才需要醫療的介入。

孩子就算個子小，如果醫生長期追蹤都沒有問題，就是正常的。長得相對瘦小的寶寶，只要發展活動力都正常，再怎麼強迫灌食都不會變成九五％，千萬不要浪費錢在營養補充品上。爸媽應該要有自知之明（通常其中一位小時候也是瘦瘦小小的），如果你的孩子一直在三％，就接納他成為三％的代表。還記得我前面提過的育兒心法嗎？無條件的包容與接納，包括孩子的生長曲線。

如果父母整天嫌孩子挑食，或是羞辱他們的身高、體重，強迫他們吃完餐盤裡的食物或跳繩一百下，基本上就是在告訴他：爸爸／媽媽無法接受一個瘦小的孩子。若因為遺傳基因無法改變，孩子始終沒有長高，他就會成為低自尊的人；如果真的抽高長壯了，他就會瞧不起矮小的同學，甚至霸凌他們。

還有父母請不要忘記：童年家庭創傷指數高的孩子，因為壓力荷爾蒙抑制了生長激素的分泌，將來更長不高。

發展焦慮二：飲食習慣

剛才提到吃飯，雖說民以食為天，但許多爸媽真的對「飲食」太過鑽牛角尖，反而破壞了親子感情。在我的門診裡，家長有抱怨孩子不喝奶、不吃飯，不吃花椰菜、不吃苦瓜、不吃肉、不吃水果等。有賴於全球化之便，食物選擇真的是非常多樣，而孩子可能只是其中幾樣食物不愛吃，就被貼上「挑食」的標籤。

雖然追求營養均衡很好，但上述這些情形，真的是有點矯枉過正了。我想父母的這些焦慮情緒，大概和媒體上專家們時常強調「某些特定食物營養價值超好」脫不了關係。事實上，人類需要的不外乎四大類食物：澱粉、蛋白質、脂肪及青菜水果，只要每一類各愛吃一種，基本上就搞定孩子的營養了。

吃飯這檔事應該順其自然，投其所好，一切以輕鬆自在為原則。專家宣導食物的營養價值，用意是希望大眾能吃天然食物，少吃加工食品和零食，爸媽們千萬別劃錯重點。

還有很多家長，致力於訓練孩子餐桌禮儀，結果餐桌變「監獄」，吃飯像是在「坐牢」。三歲前，嬰兒就被規定坐在餐椅上，要用餐具，不可以用手抓，不時還祭出「你看〇〇〇都可以坐好自己吃，你都幾歲了還……」這些傷人自尊的話語，字字句句刺穿孩子的心，讓他們只想逃離吃飯現場。這樣要如何期待孩子愛上用餐時光？

其實，餐桌禮儀重身教，父母自己以身作則，孩子長大了自然會有樣學樣。當然，餐桌上的規矩可以教、可以做，但不需要為了自己的面子去揠苗助長。總之，只要有良好的身教，船到橋頭自然直。

發展焦慮三：如廁訓練

現代孩子真命苦，比高、比壯、比不怕吃苦瓜，這樣不夠，還要比誰先戒紙尿褲、誰先自己睡過夜。

可能是媒體報導一些「媽寶」、「小霸王」的新聞，讓大家戒慎恐懼，深怕自己養出沒家教的孩子，長大後不成材。然而，我想大家可能搞錯了方向，因為提早如廁訓練或睡過夜的孩子，和將來養成獨立個性之間，在醫學上根本完全沒有關聯性。

舉例來說，太早如廁訓練的孩子，因為心理尚未成熟，強迫戒除尿布，只會剝奪他的安全感與自信心，有些反而會表現出憋尿、便祕等生理問題，進而引起泌尿道感染。更有些孩子因為被父母逼急了，心生恐懼與排斥，反而更晚才戒尿布，這都是我在臨床上常碰到的困擾。

兒科醫師建議如廁訓練的時間點，約莫是落在一．五至三歲之間。當孩子會自己穿脫褲子，會口語表達「我尿尿了」，會在固定時間排便，以及好奇大人坐馬桶習慣時，這樣戒尿布才能事半功倍。

還是一句話：「你看過哪個大孩子，喜歡穿尿布上學的嗎？」既然時間到了都可以學會自己如廁，那又急什麼呢？

發展焦慮四：睡眠

與如廁訓練相同的邏輯，也適用於孩子單獨睡過夜的迷思。其實我們要知道，全世界有很多民族，全家人睡一起是很正常的事，讓孩子自己睡覺才奇怪。當然我們也不需要評論哪種文化比較好，總之訓練睡眠這件事，必須顧及孩子的安全感、分離焦慮、心理發展等重要議題，絕對不是「強迫一下」就搞定的小事。

家長不需要跟別人比，也不用聽信哪裡的專家隨便說說，應該要相信自己的直覺，尊重孩子的發展時間。等到時機成熟時，輕輕推他一把就能成功，根本不需要搞得像打仗一樣痛苦。

有關睡眠的各種學問，我將在本書第二章詳細說明。

發展焦慮五：心理發展與社會禮節

對於孩子的發展情形與人際互動，父母們總有數不完的焦慮。

玩遊戲，父母也焦慮：「孩子不能專注在一個玩具，長大就會變成注意力缺失症，變成過動症。學習輸在起跑點，長大會變成沒用的人！所以今天就要開始訓練，讓孩子專注玩玩具！」

同儕互動，父母也焦慮：「孩子被搶了玩具，竟然不會搶回來，以後被人欺負了不還手，變成被霸凌的對象，這怎麼可以？現在就要告訴孩子，如果有人搶你東西，一定要搶回來！」

關於禮貌，父母也焦慮：「孩子現在頂撞父母，長大就會頂撞師長，這樣出社會後會變成粗魯的人。所以現在就要訓練他，頂撞父母一定要處罰！」

關於誠實，父母更焦慮：「孩子今天撒小謊，明天撒大謊，成年後就會變小偷、罪犯！所以即使是小小孩，也要嚴厲的處罰！」

以上都是我們身邊常聽到的教養謬誤，雖然家長們的擔憂是真實的，卻完完全全搞錯了方向。因為在現實中，孩子的發展是段很長的歷程，年幼的學齡前孩子，許多細微的行為，真的不需要刻意扭曲或放大。

我倒建議父母們將手上這本書，從頭到尾好好讀完一遍，了解什麼是注意力不足過動症，什麼是霸凌，什麼是品格，千萬不要在自己的腦內小劇場裡，腦補一些莫須有的情節，自己嚇唬自己，然後做出錯誤的教養抉擇。

爸媽們只需具備基本的兒童發展時間概念，加上十足的耐心，就可以看孩子正常的開花結果。若因焦急而用錯了方法，不僅會破壞親子感情，甚至可能導致完全相反、出乎意料的結局，反而更得不償失啊！

以剛才所舉的「擔心被霸凌」為例，孩子被搶了玩具不抵抗，父母如果心裡著急，告訴孩子：「別人打你，你就打回去啊！」可能會演變成怎樣的結局呢？孩子下次被欺負，想起爸爸的話，要以牙還牙，用力打回去。但……這孩子的個性，可能就是溫柔、斯文一型，實在無法反擊，所以只好吞了下來。孩子因為沒有做到爸媽的期待，以致回家不敢吐實，然後隔天又被搶玩具，如此周而復始。你看，父母本來希望孩子不要被欺負，結果因為用錯了方法，反而造成反效果。

真心建議家有學齡前孩子的家長，還是以觀察、陪伴、接納、包容做為教養主軸。相關的細節與方法，本書後面幾章都會描述，你可以慢慢讀，慢慢學。父母要常提醒自己：「孩子身心發展到二十歲才趨於成熟，不要急，不要揠苗助長，不要自我恐嚇。」

從艾瑞克森人格發展理論看教養

要了解孩子的發展進程，知道孩子在什麼年齡，可以做到什麼事情，就不能不提心理學家艾瑞克森（Erik Erikson）的人格發展理論。這個理論共分為八個時期，從出生一直到老年，一步一步的成長（表5.1）。

表 5.1 艾瑞克森人格發展理論

階段	年齡（歲）	發展目標	生命徽章
1	0 ～ 1.5 （嬰兒期）	建立安全感。	信任
2	1.5 ～ 3 （幼兒期）	他律期，學習一個口令、一個動作。	自我意識
3	3 ～ 5 （學齡前期）	開始有自律感，責任感，有好奇心。	講道理
4	5 ～ 12 （學齡期）	具有求學、做事、待人的基本能力。	能力
5	12 ～ 18 （青春期）	自我認同期，尋找人生目的。	忠誠
6	18 ～ 40 （成年早期）	建立與人親密感。	愛
7	40 ～ 65 （成年中期）	熱愛家庭，關懷社會，有正義感。	關懷
8	65 ～ （成年晚期）	自我榮耀，收割成就。	智慧

在嬰兒一．五歲之前，發展目標是「建立安全感」，所以這時候父母唯一需要給予的，就是無條件的包容與接納，讓寶寶覺得這個地球很安全、很溫暖。此時期得到的生命徽章，是「信任」。

一．五至三歲，孩子開始進入「他律期」，可以藉由一個口令、一個動作，完成父母或大人的指示。可惜這段時間，孩子的大腦尚未成熟，無法了解指令背後的道理，所以沒辦法自動自發的做事。同一時間，他們也正處於「建立自我意識」的時期，喜歡透過唱反調來展現自我意識。這都是正常的過程，而且也是這個年齡期應得的生命徽章。

三至五歲，是孩子開始聽得懂道理、對凡事都有好奇心的「自動自發」時期。藉由遊戲和團體互動，他們可以被培養出責任心，了解規矩背後的原因。當孩子想取悅身邊的重要他人，就會主動執行每天的生活常規。這段日子得到的生命徽章，是「講道理」。

五歲之後，是真正學習的爆發期，不論是邏輯、語言或運動，各種知識的增長，在這時期可說是「事半功倍」。所以，兒童在五歲之前，根本不需要做太多紙上學習，那樣既浪費時間又揠苗助長，還會扼殺孩子的學習欲望，不如好好的玩，開心的成長，五歲之後再做有效率的學習。許多父母一定會好奇，那麼「口說語言」的學習呢？是否也是等到五歲？關於這部分，我在本書第四章會解釋得非常清楚，先賣個關子，等等就會讀到了。

十二歲之後，青春期的孩子開始有同儕朋友，他們會彼此建立忠誠，開始思考生命的意義，找尋自己生命的目標。十八歲後談戀愛，建立家庭。四十歲後開始付出關懷，從家庭、朋友，乃至於社會。最後在老年時，就如孔子所說的「七十而從心所欲，不踰矩」，完成一生的智慧。

在艾瑞克森的人格發展理論中，有個重要的觀念，就是人生的八個階段，不可以隨便「跳級」。每一個階段都必須好好修練，不然會偷雞不著蝕把米，把人生搞得大亂。

舉例來說，一個孩子還沒有建立好安全感，就急著逼他一個口令一個動作，急著訓練孩子戒尿布、戒奶嘴、坐餐椅、自己睡覺、背唐詩、打招呼……結果孩子可能因為安全感不足，跳級失敗，反而搞砸未來的學習能力。

又比如說，孩子在五歲之前，被父母逼著分享玩具，問題是他們正在建立自我意識，在孩子的心中，世界是以自己為中心旋轉的，根本不理解「分享」是什麼概念。到最後，「分享」二字被他誤解為「搶奪」，反而變成到處搶人玩具的小霸王。

再比方說，五歲前的孩子，被強迫學習三種語言，外加心算、鋼琴、舞蹈、足球……把他的自信心完全擊垮。此時，孩子的大腦根本還沒成長到位，揠苗助長之下，等到真正上學之後，孩子反而什麼都不學，什麼都不碰，成為典型「習得的無助感（learned helplessness）」性格，成績一落千丈。

別讓孩子養成「習得的無助感」

習得的無助感，其實就是「揠苗助長」這成語的同義詞。我在第四十九頁提過的心理學家塞利格曼，就曾經透過一個動物實驗，模擬出這種無助的感覺。

他將小狗放在一片金屬地板上，金屬板可以通電，通電時小狗會被電流弄痛，但通電前會有警示燈。如果小狗看到警示燈，趕緊跑到隔壁的金屬板上，就可以安全無虞，不被電擊（圖5.1）。

一開始小狗不知道警示燈的意義，所以被電了一、二下。但小狗很聰明，很快就學到規矩，幾次經驗之後，牠就不會再被電了。

但如果研究者把規則變得愈來愈困難，像是將警示燈取消，或者改用一些難以破解的暗號，讓解題困難度大增，小狗反覆努力，卻始終摸索不出規則，久而久之，你猜會發生什麼事呢？

當指令太過困難，超過小狗可以理解的能力時，牠的無助感會漸漸產生，這種無助感，就是我們剛才所提到的「習得的無助感」。這隻本來「聰明的狗」，會逐漸變成「習得無助感的狗」，此時研究者再次通電，小狗竟就趴在電擊板上，動也不動的接受電擊。牠既不逃跑，也不努力找解決辦法，牠不痛嗎？當然會痛。但是牠已經放棄了，反正做什麼努力都一樣，痛就痛吧！反正幾秒鐘，一咬牙就過去了，沒差。

圖 5.1
塞利格曼「習得的無助感」
動物實驗

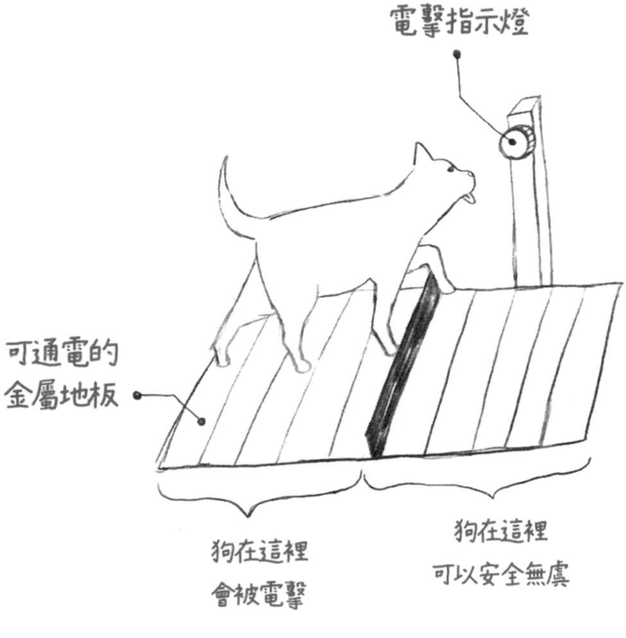

塞利格曼將這隻小狗的實驗，應用在操之過急的父母或老師上。這些大人把超過孩子能力的要求，加諸在孩子身上，在發展進程上拚命想讓孩子「跳級」。但因為任務太過困難，孩子動輒得咎，整天被罵，甚至挨打。

有時孩子歪打正著，僥倖成功，像是突然自己尿尿、突然會算數學、突然說了二句英文，父母立刻給予錯誤的空泛讚美：「你好棒！你好聰明！」下次孩子失敗了，父母又開始責備：「明明上次就會，為什麼這次不會？」

面對反覆的失敗、挫折、困惑，無論大腦怎麼努力，都找不到規律，最後終於養成「習得的無助感」，學習欲望完全被澆熄（圖5.2）。

面對「習得無助感」的孩子，不論父母怎麼打罵，老師怎麼嚴厲懲罰、提高獎勵，對孩子來說都無關痛癢。他就像那隻放棄努力的小狗，趴在電擊板上任憑電擊，反正電個幾秒鐘就會停止了。如果沒停止呢？反正也習慣了，沒差。

希望這篇的內容，能給父母們一些提醒，如果你正在錯誤的教養路上，這是一記暮鼓晨鐘。家長對孩子的焦慮很多，包括語言發展、數學頭腦、肢體協調，人際關係……當然，關心孩子的身心發展是好事，但努力方向應該是尋求專業的諮詢，而非一股腦兒把焦慮投注在孩子身上，造成不可承受之重的壓力。其實，一個人的身心發展，到二十多歲才趨於成熟。來日方長，未來有無限的可能，急什麼呢？

圖 5.2
「習得的無助感」
惡性循環

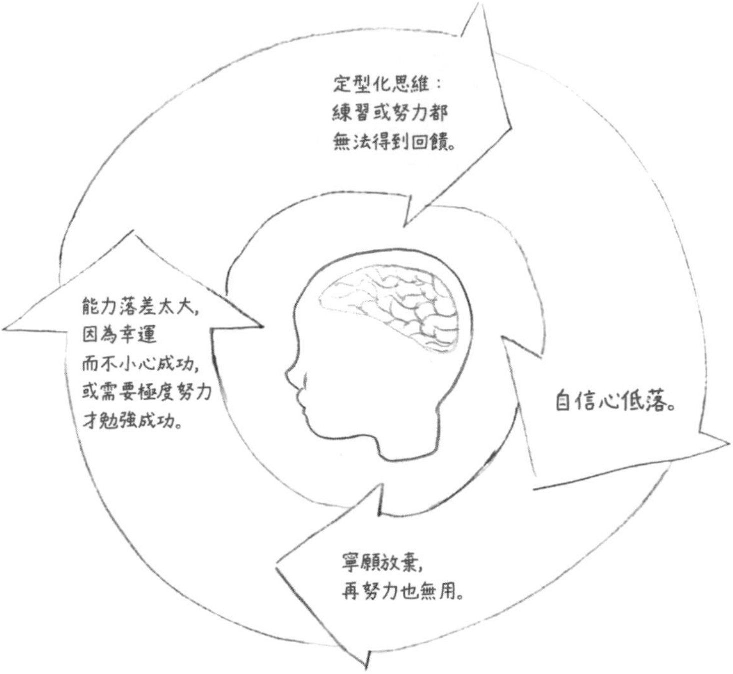
定型化思維：
練習或努力都
無法得到回饋。
自信心低落。
寧願放棄，
再努力也無用。
能力落差太大，
因為幸運
而不小心成功，
或需要極度努力
才勉強成功。

2 CHAPTER

成功育兒的第一步：就是全家能睡個好覺

嬰兒睡得穩，父母睡得飽，家庭每個成員都會好，這是很多新手父母走過的心路歷程。根據研究顯示，嬰兒如果半夜睡眠品質不佳，會提高父母的壓力指數，造成體力無法負荷，心情愈來愈憂鬱。

這就是本書要討論睡眠的緣故。若能從嬰幼兒階段，就掌握孩子的睡眠大小事，了解什麼是睡前儀式？什麼時候需要睡眠訓練？可不可以母嬰同床？如此，就能輕鬆打造良好睡眠品質的家庭。

不只嬰幼兒時期，隨著孩子年齡漸長，睡眠時間不足，對孩子的大腦也是巨大的傷害，會造成情緒問題、注意力不集中與過動、記憶力衰退、認知能力下降、學習力變差等。

06 睡眠長度、睡眠週期、半夜哭鬧的原因

如果這世界上有一個「睡眠精靈神燈」，我猜想每位媽媽應該會這樣許願：第一，寶寶躺下後快點睡著；第二，半夜不要一直醒來討奶或哭鬧；第三，一整天睡眠時間要足夠。

要達成上述三個願望，其實並不難，但在教導方法之前，還是要請大家燒個腦，先認真學習一下「睡眠週期」這檔事。

「寶寶晚上不睡覺」，其實是個迷思

我們大腦的日夜之分，是從出生後被光線誘導出來的。當陽光進入寶寶的眼睛時，會傳給大腦「現在是白天」的訊息，接著生理時鐘基因被調整，荷爾蒙開始搭配生理時鐘，以日夜不同的節奏來分泌，慢慢才變成白天不想睡、晚上睡比較多的人類生活型態。

因此，新生兒剛出生時，才從黑茫茫的子宮中跑出來，暫時還沒有日夜觀念，是白天睡一半，晚上睡一半（圖6.1）。很多媽媽會說，自家的新生兒都是白天睡覺，晚上不睡

圖 6.1
孩子十歲前的日夜睡眠比例

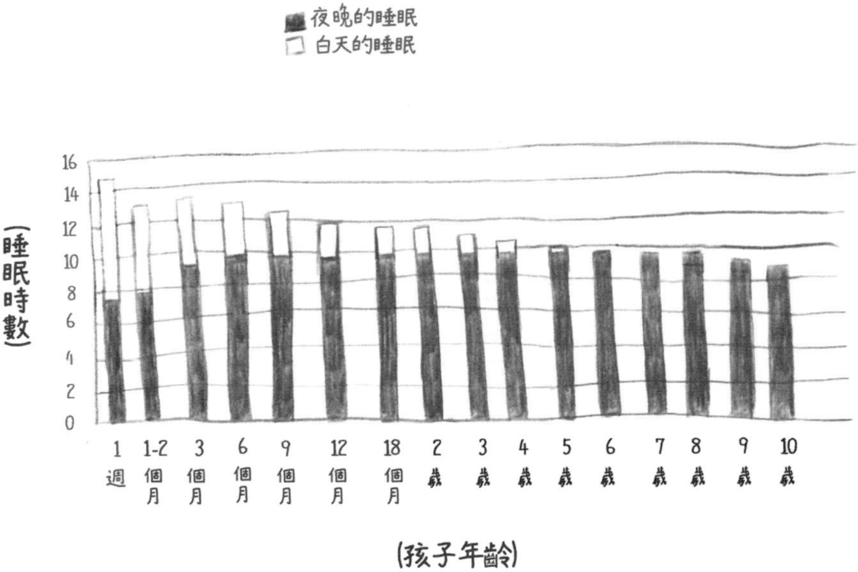

覺，但如果我們架個攝影機，實際計算寶寶的睡眠時數，會發現其實是一半一半。父母之所以會有「寶寶晚上不睡覺」的錯覺，是因為晚上睡覺時被寶寶吵醒，心情不好而生氣；白天寶寶睡覺，大人是清醒的，會感覺孩子睡覺的時間特別長。

寶寶大概到三個月左右的時候，晚上可以睡到總睡眠時數的三分之二，白天睡三分之一；六個月大以上的寶寶，白天可以只睡二次午覺；一歲半之後，對某些寶寶來說，睡一次午覺或許就已足夠。

孩子一天要睡多少個小時，才算是足夠？

剛才說的是日夜睡眠比例，那麼總時數呢？在新生兒時期，睡眠時間真的各家嬰兒差距甚大！有些嬰兒可以一天睡十八個小時，但隔壁家的小寶或許一天十二個小時對他就夠了。但不論是誰家的嬰兒，隨著年齡逐漸增加，一天需要的睡眠總時數會遞減。

總而言之，根據美國國家睡眠基金會（National Sleep Foundation）的建議，三歲之前的孩子，最低限度是每天睡十二個小時，三至六歲最少要睡十一個小時，六至十二歲最少睡十個小時，上了中學以後，一天也至少要完整八．五個小時的睡眠（表6.1）。

前面有稍微提到睡眠對於大腦發展的重要性，而我必須強調一件事：家長關注睡眠不能只針對學齡前兒童，上學後更要努力維持！幫助孩子擁有足夠的睡眠時間，是一場十八年的長期抗戰，千萬不要半途而廢了。

有關睡眠不足可能造成哪些大腦傷害，本章後半部分會更詳細解釋，在這裡暫且賣個關子，先來認識「睡眠週期」這件事。

想一夜好眠，先認識睡眠週期

人類的睡眠，絕對不是大家想像中，一條鞭式的從頭睡到尾那樣。事實上，大人和小孩都一樣，一個晚上的睡眠，會經歷好幾個睡眠週期，從淺眠進入深眠，從深眠又回到淺眠，如此周而復始（圖6.2）。

表 6.1
各年齡階段所需睡眠時數

	新生兒	嬰兒	幼兒	學齡前	小學生	中學生	成年人
年齡	0～2 個月	3～11 個月	1～3 歲	3～6 歲	6～12 歲	12～18 歲	18 歲以上
睡眠時數需求	12～18 時	12～15 時	12～14 時	11～13 時	10～11 時	8.5～9.25 時	7～9 時

圖 6.2
人類睡眠變化結構圖

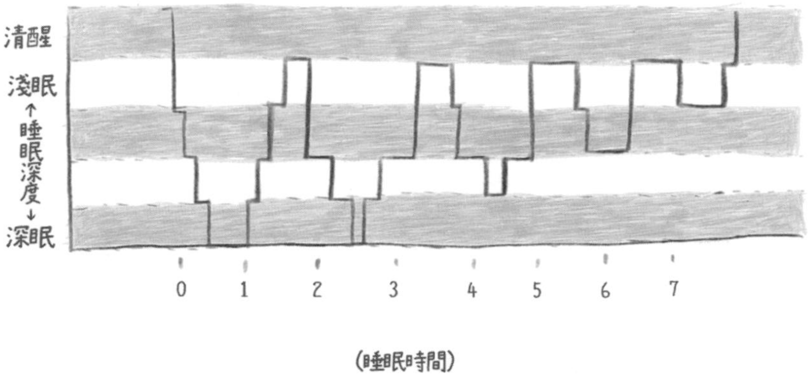

睡眠週期是生物本能。在過去蠻荒的時代，人類如果像冬眠一樣深睡不醒，半夜被獅子或老虎叼走還渾然不知，那可就危險了。因此每當回到淺層睡眠時，寶寶就會睜開眼並抬頭，看看現在所處的環境是否安全，如果感覺很安全，就可以安心進入下一個熟睡期。

在所謂的熟睡期，很多嬰兒會「多爾滾」、「迴旋踢」，甚至「倒栽蔥」，這些動作都不算中斷睡眠。他們在半夜上演這麼多全武行，白天卻完全沒有印象，跟夢遊很相似，此時若把他們叫醒，反而會因而暴怒或意識混亂。

至於淺眠期，成年人可能只是翻個身，但嬰兒比較容易就真的「清醒了」。嬰兒的睡眠週期特別短，大約四十至六十分鐘為一個週期，所以寶寶晚上醒來四、五次，其實是正常的頻率。每家嬰兒的睡眠週期不同，很多媽媽在互相比較之後會抱怨：「為什麼他家小孩一次可以睡九十分鐘，我的寶寶睡個午覺四十分鐘就醒？」但這也沒辦法，孩子先天睡眠週期長短不一，只能耐心等他長大，睡眠週期會隨年紀增加慢慢延長，淺眠時期也比較不容易清醒。

一個晚上嬰兒會有四、五次淺眠轉醒，這時他們可能會用討奶、哭泣、找媽媽、討抱等方式安撫自己，好讓自己可以再次進入下一個睡眠週期。然而，不管你家寶寶用什麼方式，基本上都指向同一個需求：寶寶想要回到剛睡著時的安全狀態。

剛睡著時寶寶若吸著奶，等到淺眠轉醒，他就會想著：「我的奶呢？」然後大哭。如果你把奶瓶塞上去，寶寶吸兩口就睡著，那就表示他並不是真餓，而是想尋求「剛睡著時的安全狀態」。

剛睡著時的寶寶，如果是被你抱著搖晃到入睡，那麼今晚每一個淺眠期，他會突然驚醒，心裡想著：「怎麼沒人抱著我？怎麼沒在搖了？」然後大哭，強迫你抱著他搖晃，才能進入下一個睡眠週期。他不是脾氣硬，只是想尋求「剛睡著時的安全狀態」。

所以這裡帶出一個結論：睡前儀式的最後一個步驟，也就是讓寶寶正式昏睡的那個狀態，必須是父母半夜可以輕易達成的動作，這樣才不會把自己累死。舉例來說，親餵母奶的媽媽，就一定要選擇躺著餵奶，如此半夜才能輕鬆餵奶給寶寶，讓他進入下一個睡眠週期。如果媽媽是坐著餵奶，寶寶被餵到睡著，半夜就必須不斷坐起身哺乳，保證兩個星期就累慘了。

無法安撫的前半夜啼哭（年齡六個月以下）——是身體疾病，還是心理焦慮？……

剛才提到的淺眠期哭泣，寶寶會睜開眼睛，而且明確想要回到睡著時的模樣，這種啼哭通常發生在後半夜。但前半夜有些嬰兒也會啼哭，卻是閉著眼睛哭，而且不論父母怎麼做，就是安撫不下來。

嬰兒半夜在尖叫大哭，不一定是睡眠障礙，有時是身體不舒服所造成的。比如：穿太多、穿太熱，或者是「嬰兒胃食道逆流」。很多父母迷信「睡前吃飽一點，晚上可以睡比較久」這個口耳相傳的做法，常在睡前會故意多加一些奶在奶瓶裡，然而不是每個寶寶的胃，都能硬塞這麼多奶。於是這些寶寶睡著時，不斷扭動身體，胃食道逆流不舒服，就容易在前半夜大哭。解決方法很簡單，就是睡前不要加量，喝正常毫升的奶，就不哭了。

也有很多嬰兒半夜啼哭是「牛奶蛋白不耐」，是喝配方奶的寶寶常見的狀況，這時候也應該找專業的兒科醫師，更改配方奶的種類，解決根本的消化疾病（推薦閱讀：《輕鬆當爸媽，孩子更健康》，時報出版）。

你一定聽過「嬰兒腸絞痛」這個詞，用來解釋半夜哭泣的毛病，但這疾病的名稱其實並不精確。嬰兒腸絞痛有一部分是身體疾病造成，包括上述的胃食道逆流，以及牛奶蛋白不耐等，而另一部分則是心理因素，跟肚子痛一點關係也沒有，是嬰兒焦慮的表現。心理因素造成的腸絞痛，寶寶一旦哭累了，睡飽了，醒來後奶水依然照喝不誤，白天時一點異狀也沒有。

當你碰到自己的孩子哭鬧不休，也已經排除身體疾病之後，國外有一位小兒科醫師哈維．卡爾普（Harvey Karp），發明了五大妙招，安撫心理因素造成的嬰兒半夜啼哭，我翻譯為「包、搖、吸、側、聲」，頗有安撫的效果，大家可以試試看（圖6.3）。

另外，有少部分的哭鬧嬰兒，是母乳媽媽亂吃東西造成的，建議哺乳期媽媽要吃健康天然的食物，少吃垃圾食物與補品等。三個月以下的嬰兒，如果哭泣超過兩個小時完全沒有停，按上述的方法安撫也無效，或是合併發燒等症狀，請趕快就醫。

無法安撫的前半夜啼哭（六個月以上到學齡）——夜驚（覺醒混淆）……………

還有一個半夜閉眼尖叫大哭的問題，叫做「夜驚」，或稱「覺醒混淆」。通常這種夜驚有幾個特色：

圖 6.3
哈維·卡爾普
安撫孩子五大妙招

五妙招	安撫技巧
包 (Swadding) 	用包巾緊緊包住孩子。
搖 (Swinging) 	像跳華爾滋般緩慢搖晃，千萬不要高頻率拍打或用力抖動。請記得：媽媽愈緊張，寶寶愈焦慮。
吸 (Sucking) 	讓寶寶有東西可以吸。親餵最棒，奶嘴次之。
側 (Side/stomach position) 	側身躺在爸媽的懷裡。
聲 (Shushing sounds) 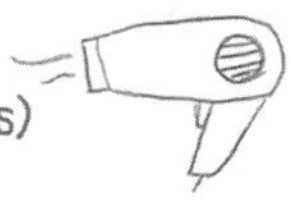	將收音機調到沒對到頻的白噪音，或是打開吸塵器、吹風機、除濕機、汽車引擎等雜音。據說這樣的聲音，會讓寶寶以為回到子宮裡。

．大哭發生在夜晚的前三分之一，發作時間很固定。

．孩子是閉著眼睛哭，而且無法被安撫。

．哭完之後很快就睡回去，之後都很順。

孩子的夜驚跟大人的夢遊類似，都是發生在熟睡期，也就是夜晚的前三分之一時期，孩子尖叫時並沒有意識，事後也不記得。除了尖叫外，夜驚也可能伴隨呼吸急促、心跳加速、盜汗等症狀。另外，有些孩子在生病發燒時，特別容易有夜驚的情形。

夜驚並不是「生病」，而是一個正常的睡眠過程，如果沒有吵到家人或鄰居，其實只要輕輕安撫，耐心等待，時間到了自然會停止。在夜驚的熟睡期，如果父母把小孩硬生生叫醒，反而會讓他更加暴哭，然後隔天什麼都不記得。所以當孩子夜驚時，只要眼睛沒有睜開，也沒有找人抱抱，不妨塞著耳塞繼續睡，通常孩子不會哭超過半個小時。

如果夜驚已經造成家人或鄰居的困擾，是有一些方法可以減少夜驚的次數：

．每天睡眠時間要盡量規律。

．睡眠環境盡量固定，不要經常換來換去。

．白天盡量降低孩子的焦慮情緒，這些壓力有時來自於家庭，有時則是學校，或是刺激的電視節目與平板遊戲。

- 有些感冒藥物會引發夜驚，請多加留意。
- 還有一個大絕招，就是先觀察孩子每天夜驚的時間點，在發作前大約半小時，先輕輕叫醒孩子，讓他喝杯水或換尿布，然後再回去睡。這樣就能成功跳過夜驚的那個睡眠週期，之後就順順的睡到天亮。

07 睡前儀式：安心的跟孩子 say goodnight

剛才我們討論的是睡眠中發生的翻滾、哭泣等問題，而這節要討論的，是入睡困難的孩子。

有些嬰幼兒相當不愛睡覺，每次睡覺前總要跟爸媽耗上半天，東翻翻、西滾滾，就是不肯把眼睛閉上，搞得父母七竅生煙，卻是無可奈何。然而，如果我們把「睡覺」視為孩子一天之中，與父母最長時間的分離，也許這樣就比較能同理，為什麼孩子那麼不喜歡睡覺了。

入睡前的孩子們都害怕，眼睛一旦閉上，就看不見爸爸媽媽了，所以他盡其所能的讓自己保持清醒，搖頭晃腦，大聲唱歌，都是在告訴父母：「我不想睡，我想念你們，還想多跟你們玩！」

人與人之間任何的分離，都會有個表達思念的儀式，而睡覺前由父母主導親子的暫時分離，就是「睡前儀式」的意義。

一場認真的睡前儀式，是為了讓孩子覺得安心，並且感覺一天在美好、幸福的氣氛中，劃下句點。

睡前一小時，先進行睡前儀式

睡眠儀式沒有標準方式，大致上的概念，就是在夜晚長睡眠之前一至兩小時，親子間有一些規律發生的活動（routine），比如：七點洗澡、喝奶、刷牙、七點半講故事或聊天、八點關燈、按摩、親親，然後睡覺。既然是「儀式」，盡量每天維持固定時間、固定順序、固定地點，讓孩子被制約，進入想睡覺的情境。

睡前儀式的活動中，盡量不要有太激烈的行程，比如：在床上格鬥大摔角、講超級好笑的笑話等。還有很重要的一點，就是必須禁絕有「藍光暴露」的活動，包括看平板電腦、手機、電視等。家裡若有LED白晝光的燈，也務必熄滅，改為黃色系光源。因為LED白光也含有大量藍光的光波，會讓孩子的大腦誤以為現在是白天，分泌較低的褪黑激素，導致入睡困難。

進行睡前儀式時，父母一定要專心在孩子身上，把手機收起來，放下所有雜事，專心享受親子時光。如果白天有處罰孩子，或者有對孩子吼叫、責罵，可在睡前再次重申，你已經原諒他，告訴孩子：「我愛你。」孩子有任何害怕的事，像是夫妻吵架，也可以在此時解釋清楚，讓孩子知道父母已經和好了，或者告訴他，爸媽吵架不是因為你不乖，並不是你的錯。

「用心付出」比「方法」更重要

美國賓州大學教授道格拉斯．泰提（Douglas Teti）曾經研究睡前儀式的成功因素，發現祕訣就在於，母親是否有感受到寶寶微妙的動作，並且給予回應。

比如說，他觀察到一組容易入睡的母子，母親抱著六個月大的嬰兒餵母奶，只要寶寶發出聲音，母親就馬上回應：「It's OK.」寶寶偷偷睜開眼睛瞄一下，媽媽總是微笑的看著他，這些回應都令寶寶安心，很快就睡著了。

另一個成功的案例，是當孩子對床邊故事失去興趣時，媽媽立刻感受到孩子的不耐煩，用翻頁、換一本書或停止說故事等做法回應。這些都可以讓睡前儀式事半功倍。

有位睡前儀式失敗的母親，努力讀著床邊故事，小孩不耐煩的跑下床，她還硬把孩子拽上床，堅持把故事講完，整個睡前氣氛糟糕透頂，最後孩子當然不肯睡覺。其他失敗的原因還有：自己滑手機，眼神與孩子沒有接觸；放孩子不喜歡聽的音樂、故事；甚至有媽媽放語言教學音檔。這些都不是睡前儀式的好主意。

很多父母在網路搜尋，看到專家分享讓寶寶入睡的絕招，什麼觸覺刷啦、衛生紙在臉蛋上揮啦、按摩腳底啦……結果別人成功的方法，自己試都沒用。其實賓州大學的研究，就已經告訴我們答案：媽媽不管與寶寶有無肌膚接觸，或者使用任何的入睡絕招，對幫助寶寶睡眠都沒有顯著的差異。

其實，睡前儀式的重點，根本不在於方法，而是父母有沒有用心陪伴，用心付出，回應孩子的需求。

幫助孩子調時差的好方法：早起

有些嬰兒因為睡前儀式還沒上軌道，導致真正睡著的時間延後好幾個小時。到了早上，媽媽心疼孩子沒睡飽，就讓他繼續睡，結果午覺時間也被延後，晚上又再度上演「我還不累，不想睡」的劇情。

面對混亂的生理時鐘，做法其實跟「出國旅遊調整時差」一樣。我們唯一能掌控的，只有起床時間，堅持固定時間起床，其他作息就會自然改變了。

舉例來說，現在寶寶都是半夜十一點才睡著，凌晨三點起來玩，五點才又入睡，睡到中午，下午再睡午覺，然後晚上又拖到十一點才睡，周而復始的亂七八糟。在這種情況下，父母可以先規定起床時間，例如：早上八點。時間確認之後，將來不管寶寶幾點睡著，早上八點就把他叫起床，推出去公園散步，開始一整天的活動。

如果寶寶八點就被挖起床，他的午覺時間就會漸漸提前。午覺時間提前（當然也不能睡超過三小時），到了晚上就開始犯睏。經過幾天之後，時差便調了回來，這樣晚上九點開始睡前儀式，十點就順利入睡，大功告成嘍！

08 嬰幼兒睡眠訓練：給父母一些喘息時光

目前歐美的育兒主流，是讓孩子早點跟父母分開，自己睡小床，很流行所謂的「嬰幼兒睡眠訓練」。國內很多媽媽有樣學樣，在網路上發「寶寶自己睡小床，媽媽的好日子來了」這類的炫耀文，還告訴其他媽媽：「唉呀，妳要狠下心，寶寶就會找到方法自己入睡，妳看我家的寶寶……。」

訓練寶寶睡眠，既能讓媽媽擁有良好的睡眠品質，半夜寶寶也比較不會醒，聽起來真的很誘人！可是，嬰幼兒睡眠訓練真的有效嗎？多久能看到效果呢？

社會文化的差異，讓寶寶睡眠問題被放大

當新手父母碰到半夜不斷醒來、無法睡過夜的寶寶，第一個解決辦法通常是「翻書」，或者問自己的媽媽。結果媽媽說：「你小時候半夜一直哭，我就抱著你哼歌，然後坐在藤椅上，不知不覺就睡著了。」

咦，怎麼跟書上寫的不一樣？書上的專家說：「寶寶應該單獨睡眠，哭的時候要讓他自己安靜下來，不要過度干擾，要讓他學習自己睡回去。如果你介入太多，寶寶就永遠學不會自己入睡，以後你必須天天安撫他睡覺。」這下好了，長輩跟專家的方法南轅北轍，該聽誰的呢？

事實上，「寶寶分房單獨睡」這件事，是西方工業革命後才開始的新穎文化。若以全世界大部分的文化而言，「親子共眠（co-sleeping）」還是比較多（包括華人文化）。甚至這幾年，美國在推行母乳政策之後，親子共眠的家長比例也逐年增加。

親子共眠的擁護者認為，媽媽和寶寶睡一張床，是人類最原始、最天然的睡眠模式。親子共眠可以即時回應寶寶需求，隨時哺餵母乳，建立良好的母子親密關係，使寶寶有穩定的情緒。

然而，反對親子共眠的主張，也並非毫無道理，比如：親子共眠的寶寶，半夜起來討拍、討奶的機率比較高，自我安撫入睡的能力較差，還有要睡覺前也特別「盧」，扭來扭去不肯睡，把爸媽搞得很煩。

雖然同床共眠的寶寶，半夜起來次數的確比較頻繁，然而，世界上有沒有任何標準數值告訴我們，寶寶半夜起來幾次以下是正常，幾次以上則是不正常呢？答案當然是「沒有」。也就是說，假設今天你什麼教養文章都沒看過，而你居住的農村或部落中，身邊所有認識的人都採取親子同床，躺著親餵母乳，寶寶一個晚上起來喝五次奶，大家都習以為常，也沒人抱怨，在這樣的文化下，你還會覺得自己的寶寶特別難睡，特別折磨媽媽嗎？當然不會。

所以西方教養文化的輸入，其實是導致父母對寶寶睡眠感到焦慮的元凶。

嬰幼兒睡眠訓練重點做法

然而智者有云：「媽媽不開心，全家不開心。」若嬰幼兒半夜醒來的次數與頻率，已經讓媽媽難以忍受，導致情緒憂鬱、暴躁、情緒低落，在這種狀況下訓練嬰兒自己入睡，似乎也沒有什麼不對。

嬰幼兒的睡眠訓練，英文叫做「behavioral sleep intervention」。在教導怎麼做之前，我必須再次強調，並不是所有家長都需要執行睡眠訓練。如果父母和寶寶的睡眠之間，沒什麼嚴重的相互干擾，媽媽半夜親餵母乳一點也不困擾，翻個身可以繼續睡覺，這種情形下，根本就不需要刻意訓練。

對於不同時期的嬰幼兒，睡眠訓練的重點也不一樣。

小於三個月

千萬不要寶寶一出生，就想訓練他自行入睡。根據羅馬大學教授奧利維耶羅・布魯尼（Oliviero Bruni）的研究，想要建立寶寶自行入睡模式，在三至六個月之間訓練，似乎是比較好的時機。他發現三個月前就開始訓練自己睡過夜的寶寶，到一歲時半夜醒來的頻率反而較高，睡眠品質沒有比較好。如果三個月之後再開始訓練，效果就好得多。

這項觀察似乎也符合「依附理論」，前三個月先建立寶寶大腦的安全感，有了安全感之後，再慢慢讓寶寶自行入睡，三至六個月的時候訓練較好。三個月以下的寶寶，先忘掉訓練睡眠的事，好好建立哺乳模式，並增加寶寶的安全感。

提供一些讓父母們輕鬆點的方法：

- 躺著親餵母奶，不要坐著餵。
- 邊餵邊休息，睡著也沒關係。
- 母嬰肌膚貼肌膚，最多穿一件衣服，要是天冷就開暖氣。
- 寶寶的胃大小不同，兩至四個小時吃一次都有可能，不要強求，順其自然。
- 瓶餵的寶寶，可以使用奶嘴當作安撫。

三至六個月

三至六個月，是可以開始試著做嬰兒睡眠訓練的時機。如果媽媽已經被折磨三個月，覺得很痛苦，可以試試這些方法：

- 不要讓寶寶邊喝邊睡。在寶寶想睡但仍醒著的時候，就把他放在嬰兒床裡。還記得前面說的睡眠週期嗎？如果寶寶睡著的時候在吃奶，醒來就期望自己在吃奶；如果寶寶睡前最後的記憶是在媽媽懷裡，醒來就期望自己在媽媽懷裡。所以，趁寶寶還醒著的時候，就要將他放在該睡覺的地方。
- 剛放下的時候，寶寶可能會哭，可以抱他，搖他，讓他情緒穩定，但仍要在寶寶還沒睡著之前，就將他放進嬰兒床。
- 試著半夜不要餵奶。如果寶寶哭，可以拍拍他，但暫時不餵奶，看看他的反應。若寶寶撐不了飢餓，夜奶還是可以餵，但是逐次減少三十至五十毫升的奶。或者可以在爸媽快就寢前加餵一餐，但不要刻意增加太多，以免胃食道逆流。
- 寶寶半夜哭鬧時，可以先讓他試著安撫自己。若寶寶半夜會害怕，請平靜的安撫他，小聲哼歌或說話。切忌心浮氣躁、搖晃太劇烈、拍打太大力……這些都會讓他更緊張。
- 可以使用奶嘴。

六個月至三歲

六個月之後，有些寶寶會進入「分離焦慮」時期，當初可以自我安撫入睡的寶寶，突然間變得非常黏人，不肯自己睡，睜開眼就一定要找媽媽。這時父母可以試試這些方法：

- ‧每天就寢的時間固定。
- ‧建立良好的睡前儀式。
- ‧可以使用玩偶、安撫巾或安撫被。
- ‧半夜的分離焦慮如果哭得太嚴重，可以握著他的手，同樣保持平靜，不要講太多話或開燈，握到你覺得寶寶平靜下來為止。
- ‧對於嚴重分離焦慮的孩子，若訓練兩週依然成效不彰，或許放棄訓練，回到親子共眠較好。畢竟讓寶寶得到足夠安全感，直到他可接受的年齡，總比每晚拚老命，親子一起流淚來得輕鬆。

根據一項美國四所大學共同發表的相關研究，嬰幼兒睡眠訓練的成效，其實還算不錯。共有六百多名嬰幼兒父母，自願加入問卷調查，記錄以前他們用過的嬰幼兒睡眠訓練經驗。

大部分家長都是在寶寶六個月左右開始訓練（這也是剛才建議的時間點），第一晚通常最難熬的，寶寶平均哭了四十三分鐘，哭到累了才入眠。但只要持之以恆，經過一週的堅持，寶寶哭泣的時間減少至八．五分鐘，並且只剩五．二%的父母還處於高度焦慮。

兩週後，寶寶幾乎都能成功自己入睡，晚上比較不會醒，而且較能睡在自己的房間或小床。寶寶晚上起來的次數，從三至四次變為零至一次，半夜餵奶次數也明顯降低。總而言之，經過二至四週後，幾乎所有的參與家長，都能感覺自己與寶寶的睡眠品質變好了。

睡眠問題，沒有標準答案，只有適合你家的答案

數據歸數據，科學歸科學，當我在診間解決寶寶睡眠問題時，仍會先把重點放在父母身上。我會觀察今天這位母親本身個性是焦慮的，還是冷靜的？父親在寶寶睡眠的問題上，又抱持著什麼態度？這家庭對睡過夜的標準是什麼？寶寶是否有親餵母乳？這些問題都是我給予睡眠建議之前，所需的重要資訊。

很多媽媽聽到我最後建議：「今天開始，妳就晚上恢復躺著哺乳，親子共眠，寶寶一哭就餵奶，他吃他的，妳睡妳的。」竟是鬆了一口氣，如釋重負。她們終於可以拋下那些令人困擾的罪惡感，以及「沒戒夜奶的媽媽不是好媽媽」的指控（甚至來自於丈夫），重拾身為母親的自信。旁人也許會說：「這樣一個晚上起來三、五次，不累嗎？」但對這位

母親來說，半夜一直起來安撫哭泣的小孩更累，只要能躺著餵奶，她就甘之如飴。

有些家庭的做法，是「另一位依附者」來陪睡、餵奶，比如說爸爸。但是當爸爸開始陪睡後，會有一段兩週左右的陣痛期。在爸爸與孩子建立新的睡前模式時，媽媽在陪睡時間不要出現，甚至也不要出聲，別讓寶寶聽到「第一順位者」還在家中，否則他就會瞪大眼睛或放聲大哭，要門外的媽媽「給我進來」！

當然，對喝配方奶的寶寶，如果要爸媽半夜一直起來泡奶，簡直是要命的折磨。所以對於某些家庭，我反而建議全家人，稍微把對寶寶的關注程度降低，藉由嬰幼兒睡眠訓練，讓寶寶在有限的陪伴下自行入睡。如此，父母可以好好休息，進而解救因睡眠不足瀕臨崩潰的家庭氣氛，各退一步，皆大歡喜。

在訓練過程中，我們也必須尊重寶寶的先天氣質，以及他的依附感需求程度，來決定最終的目標。比如說，有些寶寶只要睡在自己的小床上就感到安全，這樣當然是隨便訓練一下就搞定了；但其他寶寶可能要看到媽媽才能入睡，有些則要摸到媽媽才能入睡，有些得要抱到媽媽，甚至吸到乳房才感到安心。所以父母要根據自己寶寶的需求，設定彼此都能接受的界線，看寶寶是否能接受這樣的安撫而自行入睡，這些都是要嘗試過才知道。

其實任何教養習題，都是過猶不及，如何找尋中庸之道，實在是為人父母的最大課題。有一次我出訪某個家庭，他們夫妻對孩子厲行「單獨房間，單獨入睡」的政策，孩子在睡前儀式之後，就不能再走出房門了。如果孩子忍不住，跑到爸媽睡覺的主臥室討抱抱，就會被愛的小手打一下，然後被趕回自己房間。這對夫妻說，有一天早上，他們看到孩子遵守約定，站在自己房間門口，一直等父母起床後，才敢踏出自己的房間門外，他們對訓練成果感到非常滿意。

當時我們一群專家團都傻了。不知道那孩子是幾點起床的，更不敢想像他在自己房門口，究竟站了多久，默默流了多少淚，才終於盼到爸媽走出主臥室。這種死硬派的睡眠訓練，已經走火入魔到毫無人性，嚴重影響親子間的依附關係，實在不可取。

09 母嬰同床，有何不可？又為何不可？

上一篇我提到，嬰幼兒睡眠訓練並非每個家庭都要採用，僅保留給睡眠受到嚴重干擾的父母。這一篇就來討論相反的話題，也就是母嬰同床。「母嬰同床」這件事，現在似乎已成為新手父母的尷尬話題，因為有專家警告，母嬰共眠會增加嬰兒的猝死機率，搞得媽媽們人心惶惶，好像跟孩子一起睡覺是種罪惡。真的有這麼嚴重嗎？

母嬰同床是人類的本能

如果把眼光放大到哺乳類動物的世界，看看獅子、老虎、狗、貓……應該不需要多說，媽媽和寶寶一起睡，乃天經地義之事。撇開哺乳類動物不談，單看人類文明，大部分亞洲傳統習俗，也都是以母嬰同床為主。在韓國、日本等傳統文化中，母親與嬰兒分開睡覺，甚至代表冷血、棄養的意思。

人類強調母嬰分房睡的論調，大約是從一百多年前，歐美育兒文化的轉變開始。當這些西方文化輸入亞洲後，現代人也開始覺得「嬰兒睡小床」理所當然。一百年多來的育兒常規，從哺餵母乳轉為使用奶瓶，配方奶變成嬰兒的主食，搭配嬰兒睡小床、使用奶嘴等，其實經歷了巨大的變化。某些研究又推波助瀾，將母嬰同床貼上「容易造成嬰兒窒息」的標籤，更為新文化的不可逆，增加了一項關鍵因素。

然而，在真實生活中，許多媽媽卻覺得不開心，她們並不想與寶寶分開睡，也不覺得跟寶寶一起睡有多辛苦。與生俱來想貼近寶寶的母性，被文化或輿論禁止，這讓許多母親感到既生氣又困惑。

這樣的聲音，隨著配方奶謊言被拆穿、返璞歸真的母乳運動成為主流後，更是沸沸揚揚。原來以前許多「專家建議」喝什麼奶，睡什麼覺，最後都不是那麼一回事，那麼，現在又憑什麼要限制母嬰同床呢？

母嬰同床爭議不休，學者眾說紛紜

在一九九〇年代末期，美國兒科醫學會為了減少「嬰兒猝死症（sudden infant death syndrome, SIDS）」的發生，開始大力推廣仰睡運動，獲得極佳的成效。之後擴展研究觸角，漸漸延伸到更多可預防猝死的危險因子，比如：父母吸菸、危險床墊、母嬰同床等。許多研究顯示，母嬰同床似乎會增加「一些」嬰兒猝死的機率，但這些研究橫跨半個世紀，而且品質良莠不齊，實在很難得到明確的結論。

在二〇一六年三月的《睡眠醫學回顧》（*Sleep Medicine Reviews*）雜誌中，荷蘭萊登大學（Leiden University）與著名的伊拉斯姆斯醫學中心（Erasmus University Medical Center），深入分析世界各地過去四十年，一共九十八篇的研究結果，希望能更加了解「母嬰同床」到底有多危險。

結果毫無意外，當我們把全世界的研究攤在一起看，亞洲與非洲的家庭中，母嬰同床基本上就是常態，比例遠高出歐美國家好幾倍。也因此，這些不同國家（或同一國家但不同族群）的研究結果，時常是南轅北轍，甚至互相打臉，一致性並不如想像中高。

為什麼研究會亂成一團？比如說，一個嬰兒致死的案例，可能不只因為母嬰同床，還加上過軟的羊毛床墊、沙發、枕頭、沒有哺餵母乳，或者家長本身有服用安眠藥、喝酒、抽菸等其他複雜因素加在一起。有些嬰兒猝死案例則是「家長平常沒和寶寶一起睡，當天由於某種因素，忘了把寶寶放回嬰兒床，結果就發生憾事」。在統計的歸因上，這些特殊案例統統分類在「母嬰同床」這項，仔細想想，其實非常不科學。

還有一個最大的矛盾，就是不同國家的研究，會得到不同的結果，尤其亞洲國家的研究，跟歐美國家的結論就有很大出入。就連美國自己的研究，也彼此不一致，比如說，非裔的美國媽媽，為了避免寶寶趴睡，乾脆跟寶寶睡在一起來預防，結果嬰兒猝死機率竟然減少了。所以母嬰同床是否如「嬰兒趴睡」一樣，要被歸類於會造成猝死的危險動作，恐怕證據還不足夠。

關於母嬰同床的建議

最強力支持母嬰同床的證據，就是親餵母乳的成功率。所有研究一面倒顯示，「母嬰同床」可以增加三倍的母乳哺餵時間，第二則是「寶寶睡在媽媽旁邊的小床」，最糟糕的就是「自己睡嬰兒床」。總之就是寶寶睡得離媽媽愈近，哺乳就愈容易成功。

在這麼多的爭議中，讓我來整理一下自己的看法，給各位父母參考。根據這些文獻報告，我認為母嬰同床，若符合下列五種情形，應該是安全的：

1. 親餵母乳的媽媽。
2. 沒有趴睡的寶寶。
3. 家裡沒有人抽菸。
4. 媽媽沒吃藥或喝酒。
5. 床鋪乾乾淨淨，沒有過軟的床墊、厚重的棉被、玩具或不需要的嬰兒枕頭。

符合上述情形的家庭，為了方便哺乳，讓寶寶每天跟媽媽一起睡覺，是安全無虞的。必須注意的是，在這個議題中，「父嬰同床」並不被納入討論。有些研究發現，父親跟寶寶一起睡的時候，互動其實非常稀少，所以也許真的會因此失去警覺，不小心悶到嬰兒而不自知。

總而言之，如果為了哺乳的緣故，母嬰同床或讓寶寶睡在旁邊的小床，是應該被鼓勵的。但如果媽媽跟寶寶同床會整夜失眠，導致極度疲憊與憂鬱，那麼分開睡也沒什麼不好。與許多媽媽討論過睡眠困擾後，我的感觸是：在沒有上述危險因子的前提下，請爸爸不要插嘴，親人不要多嘴，我們也不要管別人家的閒事，讓媽媽自己決定該怎麼做吧！與生俱來的母性，自然會做出最好的決定。

10 功課寫不完導致睡眠不足？挑燈夜戰的孩子最笨

本章前面詳細介紹了三歲之前，有關嬰幼兒的種種睡眠問題，通常在孩子三歲之後，這些症狀都會漸漸消失。孩子因為大腦更成熟，擁有「物體恆常性」概念，知道早上起床後，爸爸媽媽不會不見，世界也照常運轉，因此之前的睡眠障礙症狀，大多能慢慢改善。

在孩子三歲之前，父母通常極度重視嬰幼兒的睡眠時數，希望每天寶寶一定要睡超過十二個小時，差一分鐘也焦慮到不行。奇怪的是，孩子四歲開始上幼兒園後，家長忽然就變得只在乎功課、才藝，不在乎孩子的睡眠時數，結果「睡眠時間不足」竟成為普遍的兒童文明病。怎麼會這樣呢？

睡眠時間不足，對孩子的大腦是巨大傷害，可能會導致情緒問題、注意力不集中與過動、記憶力衰退、認知能力下降、學習力變差等。因此在這一篇我要苦口婆心，好好的勸一勸各位父母。

沒睡飽，當心影響大腦發展

我的母親很久以前就有先見之明，她認為只有睡得飽，身體才會健康。身體健康了，成績才會好。

為了堅持此教養圭臬，我從小學到高中，都被母親強迫規定，必須準時上床睡覺。每到就寢時間，她不是口頭碎碎唸而已，而是「啪」的一聲，把房間所有電燈都關掉，站在門口等我躺下，完全無視我的抗議。哪怕明天是期中考、期末考、模擬考，甚至是聯考，母親始終如一，每天不厭其煩的緊迫盯人，唯一的目的，就是希望兒子睡眠充足。直到我考上大學之後，她才終於放下女舍監的角色，只剩下口頭勸戒，沒有再強迫我早睡了。

相信父母們都知道，睡眠充足對孩子身體的各種發展非常重要。睡眠影響身高、心智發展、健康，尤其在兒童與青少年時期，沒睡飽等同大腦的慢性毒藥，一點一滴侵蝕著還未成熟的心靈。

第七十五頁我們曾經提過，美國國家睡眠基金會建議，各年齡六至十二歲的小學生，每天需要十至十一個小時的睡眠，十二至十八歲的中學生，每天需要八．五至九．二五個小時的睡眠。現在家中有學齡兒童的家長們請自己算算看，你的孩子有睡到這些時數嗎？

根據統計，國內許多青少年，夜間都睡不到上述的時數。每次我建議家長讓孩子睡多一點，大家都搖頭說做不到。接著他們開始抱怨，孩子補習回家都已經十點，動作再快也是十一點上床，早上六點多又要起床，根本湊不到八個小時云云。

聽到這種說詞，換我搖頭嘆息，這樣的學習方式真是本末倒置。孩子晚上睡眠不足，白天上課當然都在放空啊！上課沒聽懂，只好晚上去補習。因為去補習，回家時間就更晚了。回家時間太晚，導致睡眠不足，白天學習力又變更差。這是一種無止境的惡性循環，難道沒有人看出來嗎？根據台灣睡眠醫學會的「二〇一六年青少年睡眠大調查」顯示，夜間睡眠總時數低於七個小時的青少年，其學業成績平均都是落後的那一群。換句話說，睡不飽等於成績不好。

有些家長會問：「如果週間熬夜，週末補眠，這樣會有幫助嗎？」答案是「沒有幫助」。根據《兒科醫學雜誌》（*J Pediatr*）對美國青少年的睡眠型態調查，這種「週末補眠」的生活型態，依然會對青少年的情緒造成不良影響，對大腦智力也沒有補強的功效。

挑燈夜戰，只會愈挑愈笨

學生只要連續三天睡不到九個小時，智力測驗就會降至兩年前的智商，換句話說，五年級的學生連續三天熬夜一個小時，就會變成三年級的智商。每天晚睡一個小時，語言測驗就會掉七分，所有研究在在告訴我們，只要孩子晚睡一天，隔天就變笨了。

白天想不出來的數學題目，到了晚上再思考一次，還是想不出來。但晚上想不出來的數學題目，睡一覺後竟然變聰明了，能夠解答的比例高達六〇%。因此父母千萬不要誤會，認為睡覺是浪費學習的時間，睡覺其實是在潛意識裡思考，可以幫我們解答白天想不通的難題。

美國中學為了讓孩子多睡一個小時，將上學時間延後一個小時。這政策實行一年之後，在老師沒有更換、教材沒有更新的前提下，全校所有學生的數學與語言平均成績，竟然普遍的提高，青少年憂鬱症的發作機率也減少了。

原來在四十年前，我的母親根本就是先知，幫助我睡飽，頭腦長得更好。現在我的孩子也已經在讀書，每天一到睡覺時間，全家拔插頭，筆電、手機收起來，全體關燈，只期望能好好保護孩子正在成長中的珍貴大腦。

11 別讓尿床傷了心

看到尿床，許多家長可能會想：「尿床應該是學齡前兒童的事情吧！黃醫師才講完小學生要睡飽睡滿，怎麼又跳回學齡前兒童的尿床問題呢？」

如果你這樣想，就大錯特錯了！五歲之前孩子尿床，確實沒什麼好討論的，有三分之一的五歲孩子都會尿床，這一點也不稀奇。但如果是六歲尿床呢？七歲尿床呢？如果你家的孩子……到了十五歲還在尿床呢？

五月二十四日是個特別的日子，叫做「世界尿床日」。這日子是由國際兒童尿控協會（International Children's Continence Society, ICCS）與歐洲兒科泌尿科學會（European Society for Paediatric Urology, ESPU）共同推廣的活動。聽起來這日子有點搞笑，尿床日？這麼微不足道的事，為什麼需要特地強調呢？

為什麼需要有世界尿床日？其實是因為有很多人誤會，以為尿床是學齡前幼兒才有的毛病，長大的孩子「不應該」尿床，此乃大錯特錯。根據統計，三歲時有四〇%的孩子會尿床，到了六歲時仍有一〇%，到了十二歲的國中生，還有三%青少年偶爾會尿床（圖11.1）！換句話說，其實在你我身邊，有很多孩子年紀已經不小，卻還是有尿床的困擾，只是沒有父母大肆宣揚這種事而已。

會尿床，其實是大腦生理還沒成熟

我必須承認，自己過去的觀念也認為，尿床問題只要「多加訓練」，就可以達標，直到我們門診來了一位已經十六歲，還是會尿床的大女孩。想想看，都十六歲了，不論你曾經聽說、閱讀或嘗試過什麼訓練方法，她媽媽一定都用過，卻沒有一種有效。什麼睡前不喝水啦！白天灌水訓練膀胱啦！冥想練習啦！半夜調鬧鐘啦！打啊！罵啊！統統都用上一輪又一輪。這位大女孩靜靜坐在看診椅上，聽母親細數多年來的無奈，她的頭愈來愈低，一句話都不吭。

尿床如果光靠訓練就能控制，今天這女孩就不會那麼難過了。醫學證實，尿床其實是大腦生理上未臻成熟所致，跟有沒有決心或意志力完全無關。導致尿床的原因有二：

1. 半夜腎臟製造太多尿液。
2. 大腦喚醒中樞尚未成熟。

圖 11.1
三至十五歲孩子
尿床比率

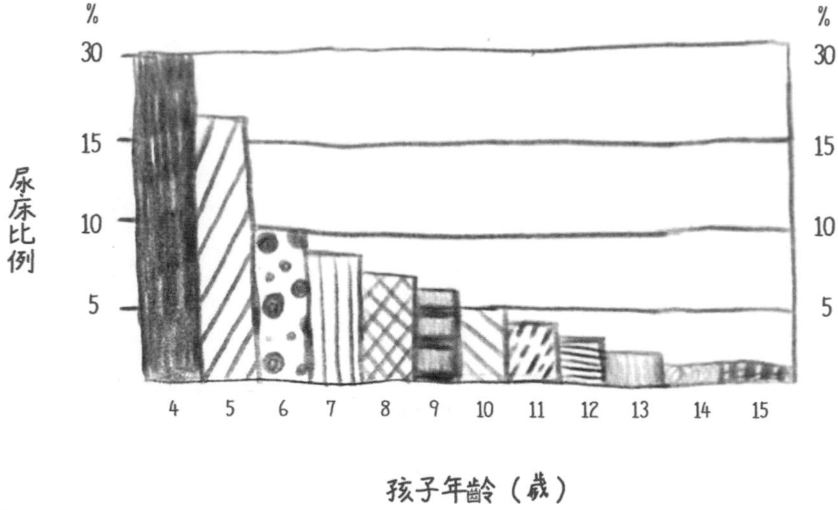

人類的腦下垂體會分泌一種物質，叫做「抗利尿激素」。抗利尿激素顧名思義，就是可以讓腎臟「對抗利尿」，減少尿液的製造。成熟大人的抗利尿激素，在夜間會提高分泌量，所以半夜尿量會減少，讓人一夜好眠。但是兒童因為大腦尚未發育成熟，半夜抗利尿激素不足，分泌尿量過多，膀胱不夠裝，再加上喚醒中樞失能，自然就會尿床了。

由於這是生理的因素造成，所以尿床也有家族遺傳哦！很多尿床比較嚴重的孩子，可以追溯到上一代，他的父母通常也是比較晚戒尿布的人！

尿床不是病，別讓尿床傷了全家人的心

既然有三%的孩子，到十二歲大腦還未成熟，父母就不該再為孩子尿床的事，搞得全家烏煙瘴氣。曾經有許多研究發現，尿床的孩子如果長期承受來自家人的壓力，可能會導致自信心受損，引起注意力不集中、成績退步、衝動行為等問題。但是你知道嗎？同樣的尿床問題，在荷蘭、紐西蘭與瑞典這些國家，由於文化氛圍偏向個人主義，家長用正確的態度面對尿床這件事，孩子的自信心與行為偏差，竟完全不受尿床影響！

根據以上的研究結果，請容我武斷的下此結論：「父母對尿床事件無限上綱的焦慮，才導致孩子的專注力及行為偏差問題。」孩子到了小學還在尿床，僅僅是大腦生理尚未成熟的結果，並不是「不聽話」或「懶惰」所引起。但家長若錯誤解讀尿床，認為這是「丟

臉的事」，把莫須有的焦慮傳遞給孩子，那麼他所感受到的是無助、自信心低落，導致大腦在專注力與衝動控制上也失能。

除了尿床議題外，舉凡餐桌禮儀、如廁訓練、語言訓練、才藝訓練、運動訓練……父母在面對孩子的困境時，不也是同樣的道理？這些生活規矩暫時無法做到，其實都不是病，卻因為父母求好心切，反倒傷了孩子的心！當自信心崩解後，將引起連鎖反應，導致注意力不集中、成績退步、衝動行為等問題，到時後悔莫及的，反而是父母本身。

請小心，若有下列狀況，你的孩子可能不是一般尿床，應盡速就醫

- 尿尿會痛。
- 小便的力量很微弱。
- 白天也會尿褲子。
- 一直喝水，永遠覺得很渴，尿又多。
- 新發生的尿床事件。

面對孩子尿床，你可以這樣做

1. 每天在孩子就寢前，提醒並鼓勵他，半夜如果想尿尿，可以爬起來去廁所。

2. 睡前兩個小時盡量不喝水，然後在睡前尿尿，把膀胱清空。

3. 早上起床如果尿布是乾的，可以得到一張獎勵小貼紙。

4. 若能「連續」七個早晨尿布都是乾的，表示孩子的大腦應該成熟了，可以不穿尿布睡覺。事先預告連續七日成功的超級大禮，讓孩子有強烈的動機，期待自己拋開尿布的那天。

5. 一旦連續七天都成功，大獎也兌換完畢，尿布就別再穿回去了。如果偶爾失誤，可以跟孩子一起清理保潔墊和床單，絕對不要羞辱性的謾罵。

6. 如果有其他家人無法配合，仍整天數落孩子，或是夏令營想讓孩子跟朋友外出過夜，可以讓他在睡前吃顆「抗利尿激素」藥物，這樣保證晚上不夜尿。

3 CHAPTER

三歲前的親子相處重點：建立安全依附關係

「你是贊成百歲育兒派，還是親密育兒派？」這是過去十年來我最常被媽媽詢問的意見之一。事實上，新時代的媽媽甚至這兩本書都沒讀過，似懂非懂的以為百歲育兒就是強硬派，親密育兒就是凡事順著寶寶，其實不然。

家長別把育兒派別當作「信仰」來崇拜，看看妳懷中的寶寶，他是多麼的獨一無二，以及別忘了，身為母親的妳，也是獨一無二的。世界上沒有第二個母嬰組合和妳一樣，所以也沒有什麼派別，有資格對妳的母愛指指點點。

「回歸自己的本性」，母愛是一種本能，妳會想親近寶寶，撫摸寶寶，同時也會感到焦慮，感到恐慌，寶寶也是一樣，這些都是正常的反應。親子之間的依附關係，在愛中互相認識，彼此磨合，在「多人」的合作之下，慢慢建築起自我的肯定與自信，這就是寶寶三歲之前，父母與家人該做的事。

12 親吻小孩是愚蠢的？行為主義的百年之惡

某一天我打開電腦，健康新聞的頭條標題是「ＥＢ病毒主要透過口水傳染，家長勿抱著孩子猛親」。點擊進入文章後，相關連結又跳出另一篇「親吻孩子傳播幽門桿菌，造成兒童胃出血」的驚嚇文。身為醫師的我，看了是直搖頭。

親吻自己的寶寶可不可以？答案是「當然可以」。這二則新聞中提到的ＥＢ病毒和幽門桿菌，在兒童身上發生嚴重病症的機率，真的是比中樂透還低。就算真的發生了，及時診斷也都能治癒，為了這種理由不親寶寶，實在是莫名其妙。

不要親孩子，也不要陪睡？

但是你知道嗎？其實在一百年前，就有醫生提倡「不要親寶寶」，而且不要隨便抱小孩，不要跟寶寶一起睡覺。哥倫比亞大學的醫生路得・赫特（Luther Holt），在一九〇七年出版了一本育兒暢銷書，書名叫《如何餵養兒童》（*The care and feeding of children*）。

在這本一百年前的書裡，赫特是這樣建議：

不要隨便親吻寶寶，以避免疾病交互傳染。寶寶睡覺的時候，應該睡在自己的嬰兒床，父母不要搖他，這樣會養成不好的習慣，應該讓寶寶自己入睡。五個月的寶寶如果好好訓練，晚上撐八個小時不喝奶，絕對沒有問題，半夜不需要餵奶。

幾乎在同一個時期，英國也有另一本育兒暢銷書，叫做《媽媽的育兒手札》（*The wife's handbook*），作者也是兒科醫師，名叫亨利．亞伯特（Henry Allbutt）。對於嬰兒的睡眠，亞伯特是這樣建議：

寶寶跟父母同床睡，實在很不健康。餵奶之後，就應該把嬰兒推到大人床邊的小床，不要使用搖籃，趁寶寶醒著的時候，就放在床上讓他自己入睡。如果寶寶哭了，不用理他，久而久之，他就學會自己入睡。寶寶睡覺的時候，房間也不需要太安靜，該有的聲音就讓它響，使寶寶習慣在大人工作的聲音中入睡……。

一本是英國暢銷育兒書，一本是美國暢銷育兒書，二本的內容大同小異，其實是有歷史背景的。當時因為微生物學的蓬勃發展，人類對各種疾病有了新的認識，過去那些「陰陽五行」、「體液學說」等疾病觀被大力推翻，取而代之的是細菌、病毒、抗生素、疫苗等現代醫學新觀念。這些兒科醫師在醫學大躍進的時代，也試圖重新檢視傳統的育兒行為，例如：親吻、擁抱、哺乳、親子共眠……慢慢塑造出一個新的育兒文化。

「打造一個理想中的孩子」，這說法太誘人……

除此之外，二十世紀初正是「行為主義」風行的時候，這些母親本能上照顧孩子的行為，常被心理學家解讀為軟弱、愚蒙、不科學的象徵。所謂的行為主義，就是相信「人類的任何行為模式，都可以靠有效的訓練而改變」，比如說，巴夫洛夫訓練的狗，在經過反覆制約之後，聽到鈴聲就會流口水，而這樣的模式，能完全複製在人類的各種行為上。

行為主義的心理學家因此認為，教養兒女太簡單啦！只要比照巴夫洛夫訓練狗的方法，就可以塑造出父母想要的孩子。行為主義的心理學大師約翰・華生（John Watson），曾經在他著名的書《嬰幼兒的心理照顧》（*Psychological care of infant and child*）中，狂妄的宣稱：

> 給我一打健全的嬰兒，你隨機選出一個，無論這些嬰兒的天賦、傾向、能力、祖先與

種族為何，由我來親自打造，保證能訓練成任何類型的人物——醫生、律師、藝術家、商人，或者乞丐、竊賊。

華生在書中暗示，無知的父母總是感情用事，讓寶寶情感上過度依賴，以致這些孩子將來成不了大事。因此，讓寶寶與父母分房睡，是訓練他們獨立性格的第一步。接下來只要照表操課，棍子與胡蘿蔔交替上陣，假以時日必能成功。

老實說，在一百年後的今天，歷史上這些行為主義的論調，在許多媽媽們眼中，還是非常誘人的啊！行為主義的育兒方法，就是像馴獸師對付野獸一樣，規範寶寶的生活作息，每四個小時餵一次奶，哭了不要抱，睡覺分房睡……父母生完孩子之後，能完整保留原本的人生，無須改變作息，讓孩子自己找到生命的出路，砥礪出獨立的性格，這就是行為主義的精髓。

行為主義在育兒過程中，的確有其可貴之處，適當使用能讓育兒更有效率。但是，拿它來對付「三歲前」的嬰兒，這樣恰當嗎？不會給幼小的大腦，帶來無法負荷的「毒性壓力（toxic stress）」嗎？

你也是行爲主義的信徒嗎？

要判斷父母們是不是「行為主義信徒」，從他們提出的問題，就可略知一二：

- 「為什麼寶寶還不能睡過夜？不是說好能八個小時不喝奶嗎？」
- 「我訓練寶寶每四個小時喝奶，可是他三個小時就一直哭，怎麼辦？」
- 「寶寶不乖乖喝奶，每次都要餵一個小時才喝完，怎麼辦？」
- 「戒奶嘴（或吃手）可以在上面塗辣椒嗎？還是要塗黃連？芥末？」
- 「小孩會用假哭來威脅我，所以他哭我就不抱，不哭我才抱。」
- 「孩子吃飯不肯坐餐椅，每餐都要一、兩個小時，我規定他沒吃完不准下桌。」

爸媽們回想一下，你們的挫折感，是否也曾經來自於這些「圭臬」，把自己壓得喘不過氣來？

不論這些規矩的目的，是出於健康的理由，還是社會禮節的期待，或者是某個莫名其妙的傳統，可否讓我們好好替孩子想一想：這些事有這麼急迫嗎？身為一位專業的醫師，我可以保證，沒有任何醫學研究規定，嬰兒必須半夜八個小時不喝奶、每四個小時喝一次奶、三歲前一定要戒奶嘴。「天下本無事，庸人自擾之」，這是我對於孩子三歲前，這些無稽規矩所下的注解。

行為主義父母常覺得，寶寶「應該」要怎樣怎樣，當現實不如預期時，沮喪與憤怒就隨之而來。你了解你家的嬰兒嗎？他的胃容量有多大，你測過嗎？他的大腦是屬於聽覺敏感，還是視覺敏感？他屬於ABCD性格、DISC人格分類、九型人格的哪一種？他的手眼協調好不好？肌張力發展到哪裡？你不知道，也不可能知道，因為嬰兒就是嬰兒，還無法正確表達自己的需求與困難。

當父母使用行為主義教養方法時，如果沒有一顆敏感的心，感知到：「糟糕不妙，我的孩子好像遇到困難了。」一意孤行的呆呆向前衝，不僅使嬰兒承受無法負荷的「毒性壓力」，影響他的心智發展，甚至會讓親子的依附關係出現裂痕。

三歲前，只有「性命攸關」的事，可以用行爲主義

在孩子三歲之前，幾乎沒有什麼事情，重要到必須破壞親子關係，立即「調教」完成的，只有與性命攸關的決策例外。比如說：上車要使用汽車安全座椅。

在車上必須讓嬰兒坐安全座椅，是「性命攸關」的事，這時父母就不需要妥協，可無視孩子的抗議，讓他乖乖待在座椅裡。然而，父母們也不是冷眼旁觀，任憑嬰兒哭泣，你可以坐在嬰兒身旁逗弄他，唱歌，給奶嘴，盡力讓他不那麼生氣；你也可以趁孩子午睡時

間上車，讓他一覺醒來就抵達終點；或者是在家裡，先讓嬰兒適應安全座椅的感覺。這些方式，都是「富同理心的行為主義」折衷做法。

其他三歲以下，適用行為主義的規矩，我試著條列一下：

1. 六個月內的嬰兒不應趴睡。
2. 接種預防針之類的醫療行為。
3. ……

我還真想不出其他的事了，誰能幫我想一想？你一定會說：「黃醫師，還有很多啊！比如說，廚房很危險，只要孩子進去我就打他。還有電線插座，只要他去玩，我一定大聲喝止……。」

沒錯，這些場所是很危險，但在小孩出生之前，新手爸媽有九個月的時間，可以做居家準備，早就該在廚房設下安全護欄，把危險的刀具鎖起來；早就該把餐桌布收起來，不讓嬰兒有機會扯下。寶寶一歲前不可吃蜂蜜製品，三歲前不可吃堅硬的核果，大人吃完這些食物，就該從餐桌上收進櫥櫃中，不是嗎？家中每個危險的角落，在嬰兒出生前後，本來就該大刀闊斧的整頓。如果你不清楚如何打造安全的居家環境，可以看我之前的書《輕鬆當爸媽，孩子更健康》，按照建議一項一項處理。

孩子跟小狗不一樣，小狗的智力最多只能到人類的三歲，所以必須靠巴夫洛夫的訓練，來符合人類預期的生活常規（例如：不隨地大小便）。但是我們的孩子會長大，漸漸可以講道理，聽得懂人話，有什麼需要訓練的生活規範，三歲之後再來慢慢教，一點也不用急。

嬰幼兒時期就下猛藥的行為主義，到了二十世紀後半，已經逐漸被淘汰，取而代之的是親子依附關係的理論。在下一篇我將跟大家說明，什麼是依附關係。

13 依附關係的過去、現在、未來

在上一篇我曾經提到，行為主義的心理學派，在過去半個世紀逐漸被淘汰，取而代之的是依附理論。心理學家發現，原來在嬰幼兒時期，父母與孩子之間的依附關係好或不好，會直接影響兒童的心智發展、自信心、挫折忍受度，以及多年後的戀愛與婚姻幸福。也就是說，如果你不希望孩子在二十年後變成恐怖情人，現在、此時、此刻，就要開始與寶寶建立安全的依附關係。

依附理論的萌芽

依附理論的始祖，是上個世紀著名的發展心理學家約翰．鮑比（John Bowlby）。鮑比在一九四〇年代，輔導了一群犯罪的少年，他發現這些孩子不僅喜歡偷東西，而且對任何人都不信任，人際互動也非常冷漠。在好奇心的驅使下，他訪談了其中四十四位孩子，得知這些孩子的童年，大多是與母親分開，甚至是被遺棄，於是他將這些訪視內容，整理成一篇報告，名為〈四十四個少年小偷：他們的性格，以及家庭生活〉（Forty-four juvenile thieves: Their characters and home life）。在這一篇早期的研究中，鮑比提出現代依附理論的雛形：「童年時期親子依附關係的好壞，會影響未來的性格與人際互動。」

這觀念在現代人聽來，似乎不是什麼了不起的發現，但在那個行為主義當道的年代，卻是劃時代的新學說，還遭到許多心理學家的訕笑。正如我上一篇提到的歷史淵源，當時嬰幼兒時期的親子關係，並不被專家重視，醫生教導媽媽，早點訓練寶寶自己睡覺，不要抱也不要搖，上學後最好統統進住宿學校，這樣才能砥礪出獨立、自主的堅強人格，這是二十世紀初育兒的主流思想。

鮑比反對這樣的做法。在他的觀察中，從嬰兒時期一直到兒童期，孩子與母親（或其他可依附的家人，比如：父親、祖父母等）如果能建立一個溫暖、親密且長久的關係，對大腦的所有發展都有益處。同理，如果照顧者長時間與嬰兒分離，再次見面時，嬰兒表現出的生氣、憤怒，甚至對照顧者拳打腳踢的行為，正代表了他因為分離焦慮，由愛生恨的情緒發洩。

「分離焦慮（separation anxiety）」一詞，現代父母皆耳熟能詳，其實就是來自鮑比一九五九年的同名學術論文。

依附關係分成三類型

約翰·鮑比是依附理論的鼻祖，而將依附理論發揚光大的第二把交椅，是他的學生瑪麗·安斯沃思（Mary Ainsworth）。一九五三年間，因為丈夫被外派到烏干達工作，安斯沃思嫁雞隨雞，跟著丈夫遠赴東非烏干達的坎帕拉。

由於在當地閒著也是閒著，個性積極的安斯沃思決定就地取材，跟身邊的烏干達媽媽們搏感情，觀察非洲媽媽的育兒方法。她每兩週拜訪同一個家庭，長達九個月的時間，一共收集了二十六個家庭的母嬰相處模式。經過歸納整理，安斯沃思提出了母嬰關係中，重要的三種依附型態：安全依附型、焦慮依附型、逃避依附型。

在安斯沃思設計的「陌生情境（strange situation）」實驗中，可初步分出這三種依附型態的嬰兒氣質，如果你家寶寶年齡剛好在一至一歲半左右，也可以自己試試看。

這些被觀察的嬰兒待在房間裡，安斯沃思請主要照顧者暫時離開，由陌生人照顧幾分鐘，然後這位主要照顧者（通常是媽媽）再度出現，藉由嬰兒的反應，判斷他是屬於哪一種依附型態（圖13.1）。

看完圖表中的三種分類之後，我相信爸爸媽媽都希望自己的孩子，能夠是安全依附型的寶寶。在安斯沃思的研究中就發現，出生前三個月較常被擁抱的嬰兒，反而在一歲時較不黏人，而且更容易建立母嬰的「安全依附型」關係。另外，享受於親餵母乳的媽媽（請

圖 13.1
安斯沃思的三種依附型態

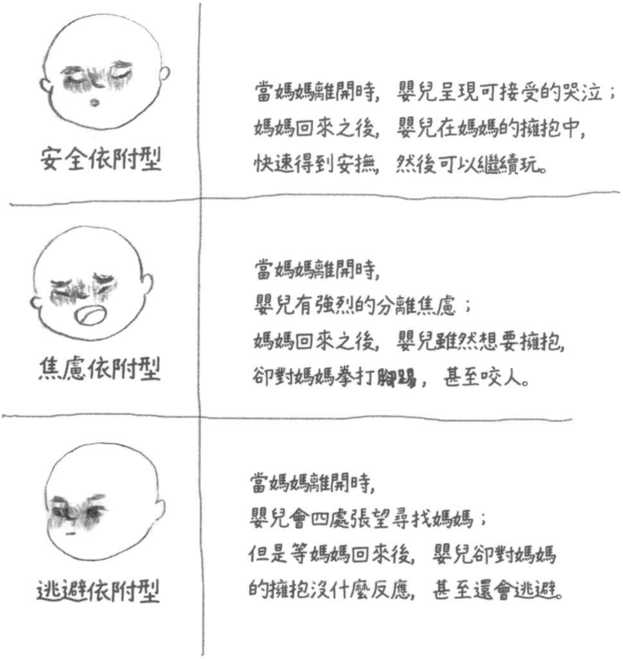

安全依附型
當媽媽離開時，嬰兒呈現可接受的哭泣；
媽媽回來之後，嬰兒在媽媽的擁抱中，
快速得到安撫，然後可以繼續玩。
焦慮依附型
當媽媽離開時，
嬰兒有強烈的分離焦慮；
媽媽回來之後，嬰兒雖然想要擁抱，
卻對媽媽拳打腳踢，甚至咬人。
逃避依附型
當媽媽離開時，
嬰兒會四處張望尋找媽媽；
但是等媽媽回來後，嬰兒卻對媽媽
的擁抱沒什麼反應，甚至還會逃避。

安斯沃思的原始依附類型

當初安斯沃思的分類是安全依附、不安全依附、尚未依附，日後才演變為目前常用的三個名詞。後續的心理學家，歸類出第四種依附關係：「混亂依附型人格」，這些人最為悲慘，童年時愛他的家人，卻也是鞭打他、傷害他最深的人，以致他們會像飛蛾撲火一般，錯亂的無法分辨被愛與痛苦。這類人格最容易被困在家暴中無法自拔，或是反過來成為施暴者。

注意，重點是「享受」而非「被迫」），也比較容易帶出安全依附型的嬰兒。

除了時常被擁抱、親餵母乳之外，媽媽若在嬰兒三個月之前，不設下太多規矩，願意多認識嬰兒，多猜他在想什麼，盡力去回應寶寶，那麼到了一歲的時候，嬰兒就會較少哭鬧，有較多表情、較多手勢，也發出較多的聲音。

總而言之，養出安全依附型寶寶的關鍵，就是將母嬰關係的主體由「母親」移到「嬰兒」。媽媽願意用心去聆聽寶寶的心聲，並且回應他的需求，母嬰之間就能建立良好的默契。有了安全依附關係之後，孩子在安全感中成長，情緒才會更穩定，人際關係也更良好。

啪！依附關係研究所得到的結論，狠狠賞了行為主義派學者一個巴掌。

媽媽怎麼對待我，我就怎麼對待伴侶

不只如此，嬰兒時期親子的依附關係，還會進一步影響孩子長大後，談戀愛時的親密關係。心理學家發現，童年時期被定型為焦慮型依附或逃避依附型的孩子，成年後也會用類似方式對待自己的伴侶與嬰兒。康乃爾大學的教授哈姍（Cindy Hazan）與加州大學的教授沙弗（Phillip Shaver），比照三種嬰兒依附關係，對應到戀愛的男女關係，發現竟然有高度相關（表13.1）。為什麼嬰幼兒時期的依附關係，可以影響人如此深遠？背後的原因，其實不難理解。

一個脆弱的初生嬰兒，一天之中要發出很多次生理或心理需求訊號，包括我餓了、我累了、我害怕、我會痛等。但嬰兒不會說話，必須由照顧者主動回應，猜猜看嬰兒在想什麼，進而解決他的困擾。反覆執行多次之後，嬰兒大腦就會產生被愛與接納的安全感，慢慢進入潛意識，大腦就套上一層「抗壓保護傘」。未來人生中，這個人就算遇到感情的波折，在這層保護傘之下，壓力荷爾蒙的分泌也不至於太高，大腦就可保持理智，不會做出傷害他人或自己的事。

表 13.1
嬰兒期依附型態與愛情依附行為的關聯

嬰兒依附型態	長大後的愛情依附行為
安全依附型	與另一半相處時會感到心安。當對方難過時，會給予安慰與支持，自己難過時，也會主動尋找另一半訴苦。二人分離時，可以專注於自己的生活，不會感到焦慮。
焦慮依附型	與另一半分離時會心神不寧，做什麼事都不對勁，會不斷打電話討拍，無法被滿足時就歇斯底里。真正見到另一半時，心裡明明很開心，卻一定要說些傷人的話，把對方推開。
逃避依附型	對愛情的態度就是「假裝自己很獨立」，有需要時不願意尋求幫助，另一半有情緒時也傾向袖手旁觀。他們會批評別人的親密關係是軟弱的表現，極度不信任，但潛意識渴望著依附關係。他們一直都在逃避這份渴望。

而焦慮依附型或逃避依附型的嬰兒，雖然也同樣發出需求訊號，照顧者卻為了「訓練」的緣故，刻意忽略或否決。這種無助感，讓嬰兒大腦無法得到滿足的回饋，久而久之，他對分離產生強烈的焦慮與不安全感，變成嬰兒版的「恐怖情人」，或是走向另一個極端，乾脆放棄被回應的期待，成為親密關係中的「逃避者」。

「戀愛」的本質是什麼？青少年為何會想要談戀愛？其實就是在和父母分開的過程中，尋找一個新的親密關係。而我們人生中第一個親密關係，就是和父母之間建立的親情，如此關鍵的親密之旅，若因失敗而走向焦慮依附型或逃避依附型，將來就有很高的比例，繼續錯誤的投射在男朋友／女朋友、丈夫／妻子，以及自己的下一代。

除了傷害他人的恐怖情人外，青少年自傷行為也同樣令家長心疼。根據這幾年先進國家的統計，青少年自傷行為逐年增加，包括了用刀片割傷皮膚、拔毛、自己打自己等。曾有自傷行為的青少年，容易罹患藥物濫用、酗酒等成癮疾病（比平均高出三十四倍），自殺率也提高了十七倍。

自傷行為之所以會出現，是因為人想利用身體的痛楚，對抗更難忍受的心理痛苦。為什麼青少年自傷行為比例愈來愈高？有些人會歸咎於媒體的渲染、課業壓力太大、人際關係挫折、受挫力下降……但其實這一切問題真正的源頭，同樣是來自於兒童時期不安全的依附關係。

二〇一三年，海德堡大學在《精神醫學研究》（*Psychiatry Research*）發表研究，指出曾被父親家暴的孩子，青少年自傷行為會增加二．四倍；若母親對孩子表現出厭惡感，則可增加到七．八倍！似乎在依附關係的建立上，媽媽比爸爸還更具影響力。另一項丹麥橫跨十五年的研究也顯示，父母離異會增加二至五倍的自傷行為，影響力可達十五年之久，甚至延遲到成年之後。

有條件的愛，就是不安全依附關係的開始

建立嬰兒時期的安全依附感很重要，而學齡前兒童的父母也要提醒自己，若讓孩子認為父母是「有條件的愛自己」，也會形成不安全依附關係。

我有一位媽媽朋友，她很苦惱的跟我分享自己三歲的孩子，上幼兒園已經三個月了，但每天早上到了校門口，還是哭哭啼啼的，總要反覆確認：「媽媽妳會來接我嗎？妳會第一個來接我嗎？」即使媽媽再三保證，他依然面露恐懼，不肯放開媽媽的手。

經過長期的觀察，我發現孩子的媽有一個說話的壞習慣，就是一天要無數次的將孩子的好行為，當作交換條件來回應他的需求。比如說，她常常諄諄告誡小孩：「如果你現在乖乖聽話，我才給你抱抱。如果你吃完飯，我才帶你回家。如果你想要A，就必須做好B……。」長期下來，小孩的內心永遠不敢確定：「今天我的表現夠好嗎？能夠讓媽媽準

時來接我放學嗎？」他總是擔心媽媽不會再出現。所以每天上學，都必須上演十八相送，但明明在學校，玩得非常開心。

再舉一個例子。有一位孩子名叫小安，有一天他坐在餐桌上掉淚，因為媽媽說沒吃完青菜不准下桌。母女僵持了一個小時後，媽媽說：「算了，不吃就收起來！」小安聽了不僅沒有破涕為笑，反而更加放聲大哭，叫喊著：「我吃得完！妳不可以收！」媽媽一頭霧水，現在孩子是在演哪一齣？

我來翻譯一下小安內心的OS：她其實知道「只要吃完青菜，就能討好媽媽」，但她的身體，卻痛恨青菜到了極點，一口也難以下嚥。小安希望得到媽媽的愛，但是這份愛，卻必須「先接受痛苦」才能得到，這矛盾讓她呆坐在餐桌上，不知該如何解決。當媽媽說要收走青菜時，她驚覺媽媽可能要把「愛」收回去，所以放聲大哭，希望媽媽把青菜留下來。這是一個無解的難題。

上述這些場景，雖然大人無心，但是在孩子幼小的心靈中，這種有條件式的愛，就是不安全依附關係的來源。根據統計，擁有安全依附關係的人口，大約是六〇％。當然，並非所有親密關係問題，統統都要歸咎於童年時的陰影。也許過去的親子關係不盡完美，但在未來人生路上若幸運遇上對的人，比如說一場美好的戀愛，或許就有機會扭轉親密關係的面貌。

但父母們可以想一想，為什麼要將下一代親密關係的主導權，交給未來的其他人呢？孩子目前就住在家裡，和我們每天朝夕相處，而他們的感情與婚姻幸福，此時此刻正掌握在我們的手裡。父母們不能再忽視孩子對依附關係的需求，而且事不宜遲，從嬰幼兒時期就要開始！

14 三歲前的安全依附關係，決定了未來的學習能力

在上一篇內容中，我殷切提醒孩子三歲前，安全依附感的重要性，接下來這部分，我要提醒親子親密關係，甚至也會影響到孩子的學習能力。

這在崇尚「學霸」的華人世界裡，很多父母都迷信各樣的早教資源，期望能讓孩子「贏在起跑點上」。你或許也聽過許多的早教術語，比如說：大腦開發、啟蒙教育，或者各式各樣號稱可以刺激手眼協調的玩具等。但是這些琳琅滿目、五花八門的商品，真的有經過科學認證嗎？

猴子大師哈利．哈洛的母愛實驗

如同我上一篇所提及的，二十世紀初行為主義的遺毒，讓當時育兒風潮是「訓練」大於「疼愛」。很多心理學家覺得，「愛」這個字太抽象，既風花雪月又虛無飄渺，實在很不科學。

在這一陣鄙視母愛風潮的時期，有一位勇敢的心理學家出現了，他的名字是哈利．哈洛（Harry Harlow）。哈洛對人類最大的貢獻，就是他將抽象的母愛概念，用科學的方法，變成可測量的現象。他研究的對象，是與人類最相近的靈長類動物——「猴子」，而最著名的實驗，就是「鐵絲媽媽與絨布媽媽」（圖14.1）。

哈洛養了一群小猴子，並且設計了二個媽媽的替代物。其中一隻是「絨布媽媽」，身包白色絨布，有一張小猴子喜歡的布偶猴子臉，塞滿舒舒服服的棉花，唯一的缺點，是身上沒有奶瓶，不能餵飽小猴子；另外一隻是「鐵絲媽媽」，全身用鐵絲綑綁而成，用四方形盒子挖二個眼睛當作頭，看起來很嚇人，但是胸口放了能餵飽小猴子的奶瓶。

俗語說：「有奶便是娘。」按照行為主義心理學家的看法，小猴子理應選擇認鐵絲媽媽為親娘，畢竟只有跟著鐵絲媽媽，才能夠吃飽。萬萬沒想到的是，小猴子寧可餓肚子，也要依附在那柔軟的絨布媽媽身上，實在餓到不行了，才跳到鐵絲媽媽身上吸兩口奶，然後立刻回到絨布媽媽身旁依偎。究竟小猴子是被絨布媽媽的哪個部分吸引呢？哈洛發現，原來是絨布媽媽那張溫柔的臉。

哈洛藉由這實驗告訴大家：巴夫洛夫訓練的狗，或許聽到鈴鐺聲就會流口水，但是人類的本能，不僅僅被食物驅使，更需要笑容、擁抱及母愛。鐵絲媽媽身上的奶瓶再怎麼誘人，對小猴子而言，都比不上絨布媽媽那張溫柔的臉。

圖 14.1

哈利·哈洛的

「鐵絲媽媽與絨布媽媽」[4] 實驗

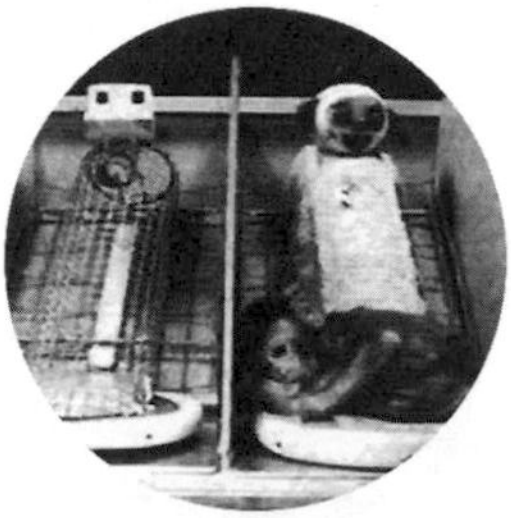

1

鐵絲媽媽與
絨布媽媽

2

受驚嚇的小猴子，
躲到絨布媽媽身上

3

沒依附對象的小猴子，
失去探索環境的勇氣

註 4

圖片來自 American Psychologist, 13, 673-685。

獲得溫暖，才有勇氣探索

隨著小猴子漸漸長大，牠們開始對這個世界感到好奇，想要東摸西摸，就像人類孩子一樣。哈洛設計了一間遊戲屋，裡面放了各種玩具，隨意讓小猴子四處探索、玩耍。小猴子每玩幾分鐘，就會回頭張望，看絨布媽媽在不在，見到了媽媽的臉，心裡踏實了，就能繼續玩耍。如果小猴子看不見媽媽，探索欲望就會降低，變得有點心不在焉。

在這個遊戲屋中，有個會發出爆炸聲響的玩具，當小猴子好奇打開盒子時，「砰」的一聲震天價響，嚇得猴子們吱吱叫。這時如果絨布媽媽在現場，小猴子會一個箭步衝回媽媽的懷抱，然後回頭看看，到底什麼東西這麼可怕。觀察一小段時間之後，發現好像沒有新的爆炸事件出現，小猴子就會從媽媽身上爬下來，然後繼續探索和遊戲。

但如果發生爆炸聲響時，絨布媽媽不在現場，小猴子失去依附的對象，牠就只能害怕的瑟縮在地上，頭低低的，連眼睛都不敢張開，很久、很久、很久，都沒勇氣再重新探索環境。

哈洛的這些研究，給了父母們什麼啟示？很多時候，我們希望孩子能有好奇心，主動探索世界，並且遇到挫折可以更有勇氣站起來。而透過這個研究，可以證明原來母親溫柔的陪伴，才能幫助小猴子更有膽量，而且更有探索世界的勇氣。至於那些從三歲之前就逼迫孩子「要獨立」，常常讓三歲前幼兒獨自面對挑戰，則是不正確的做法。

當年我送孩子剛開始上幼兒園的初期，兒子在遊戲時屢屢回頭看我，我差點忍不住脫口而出：「不要看我，專心上課！」現在回想起來，孩子是想從我身上，汲取繼續探索的勇氣，也慶幸當時我沒有殘忍拒絕他的需求。

上學時間太長，孩子容易對父母發脾氣

關於安全依附感，我也想起自己小女兒的故事。小女兒兩歲多的時候，看哥哥上學很是羨慕，整天吵著要去上學。我老婆想說這樣也不錯，可以樂得輕鬆，就把她和哥哥打包，一起送學校去了。女生果然語言能力較佳，在學校表現良好，老師也很喜歡她。但漸漸的，我們發現與小女兒的親子關係，竟變得愈來愈糟糕。

每天下午四點放學回家，小女兒就開始對我老婆頤指氣使，動不動就大發脾氣，情緒很容易失控。她的退化行為愈來愈嚴重，一回家就巴著媽媽不放，吃飯要人餵，洗澡要人幫，晚上睡覺也變得很難安撫。她嘴巴說不喜歡上學，早上出門時心不甘情不願，但是到學校之後，卻還是可以轉換心情，開開心心的玩，是眾老師眼中品學兼優的好孩子。

我老婆心思敏銳，察覺到女兒的安全感每況愈下，過去兩年好不容易建立的安全依附關係，正在一點一滴的流失。於是她當機立斷，將女兒轉出幼兒園，換到我們家附近，一個只上半天課的英語團體，到中午就可以接她回家。大約過了兩週，我那貼心、可愛的小

女兒又回來了，亂發脾氣的事件愈來愈少，親子關係也大大的改善。

這故事像是小猴子實驗的延伸。雖然女兒已經兩歲多，不需要再時時刻刻的見到媽媽，但在學校探索的時間太長，一整天都看不到媽媽，情緒緊繃太久，大腦就無法正常思考。當她見到媽媽時，也從安全依附型，轉變為焦慮依附型，對媽媽又打又咬，搞得全家烏煙瘴氣。

事實上，三歲孩子一般來說，只能忍受與母親分離大約半天。現在的幼幼班動輒上課八、九個小時，除非孩子可以與老師建立良好的信任，否則上課時間太長，對孩子大腦是太大的壓力。

學齡兒童也需要親密時光

不只是三歲孩子，學齡兒童的大腦，也需要一個溫暖的家，有時間好好為情感充電，去面對每天在學校的新挑戰。

我有位病人自從上了小學，每天放學繼續前往安親班，晚上六點多才能見到親愛的媽媽，然後八點就要上床睡覺。這孩子晚上睡前，都會跟媽媽吵架，而且因為分離焦慮的緣故，類妥瑞症（tics）發作，一直無法痊癒。後來這位媽媽聽我的話，提早到下午四點去安親班，把孩子接回家，安安穩穩吃頓飯，輕鬆的聊聊天，孩子的心被安撫，安全依附感也建立起來，睡眠問題自然改善，類妥瑞症也不藥而癒。

美國明尼蘇達大學的心理學家布萊恩．伊格蘭（Byron Egeland），曾經追蹤了一群分別屬於安全依附型、焦慮依附型與逃避依附型的孩子，發現兒童時期屬於安全依附型的孩子，上學後幾乎沒有學習障礙的問題。而焦慮依附型的孩子上學後，八七%在學習上會遇到困難，而且依附關係和學習力的關聯，影響時間非常久遠，可以延續到孩子上高中。

所以說，最好的早教，不是帶孩子上什麼全腦開發課程，而是給他一個安全依附關係的家庭。不論你的孩子幾歲，請理解這點：幼兒需要先有穩定的安全感，才能在未來人生中，激發出學習欲望。所以，就算父母們感覺再疲累，當孩子需要從你的關愛中，汲取探索的能量時，請記得向他微笑與揮手。

15 建立寶寶的安全依附關係：POWER五字訣

三歲前幼兒要培養安全依附關係，其實步驟非常簡單，在此跟大家分享好用的「POWER五字訣」，五個英文字母分別代表：

- P：正向思考（Positive thinking）
- O：抓大放小（One thing at a time）
- W：甜言蜜語（Wheedle）
- E：撫觸擁抱（Embrace）
- R：回應說話（Response）

正向思考，合理解讀孩子行爲

第一個原則「正向思考（Positive thinking）」，是不以大人的思維解讀孩子行為。

網路上有一段影片，內容是有個一歲半寶寶在地上哭，媽媽拿著攝影機偷拍，寶寶哭了幾聲，回頭見不到媽媽，收起了哭聲四處尋找，走著走著終於找到媽媽，立刻又一屁股坐地上，開始放聲大哭！媽媽故意逗弄這嬰兒，然後說：「你看看，你看看，這小娃兒才一歲半，就學會假哭！用哭來威脅父母。這麼壞，不要理他！」

三歲前寶寶的大腦非常單純，他們不會演戲，沒有心機，大喜大悲是常有的事，反而大人的情感很複雜，有詭詐、欺騙、報復等情緒。問題是，我們常用大人的負面思考，去解讀嬰兒的情緒，這種思維我稱為「父母的被害妄想症」。

像剛才那段影片，嬰兒本來在哭，因為他突然看不見媽媽，當然會緊張啊！所以他暫時壓抑難過的情緒，爬來爬去找媽媽，等找著了，心也安了，又想起剛才還在難過的事，立刻一秒爆哭，並不是爸媽說的「假哭、威脅、欺騙」這種負面思考。

我時常將四句話放在心裡，當作正向思考的座右銘，這四句話是：

- 「孩子不是故意的。」
- 「我生氣是有原因的。」
- 「幫助孩子解決問題。」
- 「幫助自己走出困境。」

孩子不是故意的

有時孩子做了一件讓人生氣的事，甚至是需要好好被糾正的錯事，但父母們要先告訴自己：「孩子不是故意的。」尤其是三歲以下的孩子，語言能力尚未成熟，注意力時間短暫，手眼協調不發達，時常闖禍是理所當然的事。孩子闖禍時，父母可以生氣，可以慢慢教，但也要用正向思考的方式，替孩子的行為找出合理的動機（表15.1）。

表 15.1
運用正向思考，
找出孩子行為的合理動機

當父母覺得孩子……	運用正向思考，解讀孩子……
故意把我的話當耳邊風	在專心玩玩具，沒有聽見
故意搞得一團糟	在探索，學習，嘗鮮
個性固執、倔強	個性堅持、有決心
愛跟我唱反調	善於爭取自身權益
為了博取同情而假哭	想像力豐富，有創意

我生氣是有原因的

孩子闖禍時，父母當然可以生氣，這是很自然的反射動作。但是生氣後，必須更深探索自己的內心，找出這次生氣背後的原因。是因為身體太過疲憊，所以容易發怒？或是因為覺得夫妻分工不均，所以心有不甘？還是因為長輩時常批評孩子，受不了這種侮辱所以生氣？生氣是膚淺的情緒，仔細思考生氣的理由，就能慢慢恢復理智，而不是遷怒於不懂事的三歲小孩，何況對小孩大吼，根本無法解決問題。

幫助孩子解決問題

孩子因為語言能力受限，不容易講出自己哪裡不開心，聰明的大人可以努力猜猜看，或至少表現一下你正在猜。孩子失控的原因，不外乎餓了、累了、病了、緊張害怕了、需要抱抱了……大概就這些。根據一項研究的結果，只要父母願意猜，三次之內幾乎可以達到接近八〇%的命中率。

猜中嬰幼兒的需求之後，能滿足的就給予滿足，不能滿足的就解釋給孩子聽，至少讓寶寶感覺「爸爸媽媽了解我」，安全依附感就出現了。

當然，我理解家中嬰兒剛來到地球上，常常因為現實感不足，會有一些「超自然」的期待，比如：盒子非要他親自打開不可、玩具要按照他的喜好擺放、喜愛的水果別人都不能吃等。「同理」孩子的需求，不等於「同意」孩子的欲望，父母嘴裡說「我猜你想要這個」不代表「我做得到」。然而，替孩子說出口，能讓他們感受到父母的體貼，「我知道你在想什麼，世界上我最懂你，只是……我幫不了你，拜託忍耐一下吧！」

幫助自己走出困境

生氣之後，如果父母們有探索自己生氣背後的原因，夫妻就能聚焦於問題核心，討論如何走出教養困境。感到疲憊嗎？請努力安排休息時間。孤單寂寞嗎？請夫妻設下單獨約會的時間。勞逸不均？討論分工細節，或者花錢請幫手。總之，將情緒轉移成對事不對人，不把錯誤歸咎到另一半身上，夫妻一起解決問題，才能真正成功脫困。

抓大放小，一步一步優雅育兒

第二個原則「抓大放小（One thing at a time）」，從英文意思來看，是指教養孩子時，一次只規勸一件事。

在美國，有幾個經過實證醫學認可的親職教養課程，比如說 PCIT、Triple P、PIPE 等，這些縮寫全名都很長，在此就不贅述了。所有正統的親職教育課程，大致都有三個共通原則：

・正向的鼓勵。
・溫柔而堅定的，規勸少數嚴重犯規行為。
・忽視無傷大雅的調皮搗蛋。

這些原則若用一句話來形容，就是「抓大放小」：只抓嚴重的犯規行為，忽視一般的小錯誤，而且一次只規勸一件事。

父母請一起拿出一張紙，把每天罵小孩的事情條列出來。條列時不能太籠統，必須鉅細靡遺的描述，比如：玩插頭、咬媽媽、搶某人玩具等，洋洋灑灑看能寫多少條。

寫完之後，夫妻從這張罪狀中，挑選看起來最危險、最不能忍受的事（或最多三項），當作「本月主題」。從今天開始，這個月只能叮嚀孩子「這一項」錯誤，其他孩子闖的禍不管發生幾次，統統先忽略不管教。這就是「一次只規勸一件事」的精神，抓大放小，減少負面言語對孩子的傷害。

你會發現，當不可以、不行、不准、不乖，這些負面言語被強制減少後，孩子的情緒會變得愈來愈穩定，而父母也會發現孩子更多優點，說出更多愛他的話語。更重要的是，一個月主題走完，孩子也學會人生的功課，下個月換個主題繼續，一步一步邁向優雅的育兒之路。

你可能會抱怨：「天啊！孩子學乖要搞這麼久？如果我條列了二十項，豈不是要花快兩年！」各位，兩年很久嗎？兩年一瞬間就過去了啊！現代人做學問，小學讀六年，中學讀六年，到讀完大學總共要花十六年，進階教育甚至還要更久，而父母卻期望孩子能在一天之內，就把生活所有細節都學會，這難道不荒謬嗎？

反過來說，讓孩子在家中感到溫暖、安全、完全被接納，其實很多令人抓狂的行為，也會漸漸不藥而癒。這也是為什麼許多研究顯示，父母愈早學習正確的育兒方式，對孩子幫助就愈大，甚至能大幅減少未來使用精神類藥物的機率。

甜言蜜語，給孩子適度的尊重

第三項原則「甜言蜜語（Wheedle）」，就是時常將請、謝謝、對不起等話語掛在嘴邊，這是基本的禮貌。

想像一下，若職場上的老闆，每天對下屬只會用「命令句」，例如：「你給我」去辦這事、「你給我」今天加班……一直「你你你」，從不說請、謝謝、對不起，這樣是不是很討人厭呢？然而，回想家庭裡的場景，華人父母時常只用「命令句」跟孩子說話，例如：你過來吃飯、你去睡覺、你去洗澡、你快點穿上衣服……一直「你你你」。換位思考一下，孩子聽了會不煩嗎？

許多父母聽過一個說法，叫「可怕的兩歲（terrible two）」，就是寶寶在剛學會說話的兩歲左右，常常這個也說不要，那個也說不要，叛逆起來十分討人厭。但爸媽捫心自問，這不就是現世報嗎？我們不也常對孩子說「這個不可以」、「那個不可以」嗎？父母很少說請、謝謝、對不起，嘴巴一點也不甜啊！

在孩子還小的時候，父母就要練習少用「命令句」。只會用命令句的父母，代表心中缺乏自信，就像那些打腫臉充胖子的無能主管一般；有自信的父母，會願意給孩子適度的尊重，不使用命令句，也能讓彼此達成共識，這才是高招。在後面我會分享一些溝通的技巧，幫助你不需對孩子大吼，也能讓他乖乖就範。

撫觸擁抱，提升孩子健康與認知能力

第四個原則「撫觸擁抱（Embrace）」，顧名思義，就是與孩子肌膚相親，這樣做的效果十分顯著。

在新生兒醫學剛起步的年代，早產兒一出生，就只能睡在保溫箱，由於感染管制的理由，出院前不被允許給家長觸摸。有一天，邁阿密大學的心理學教授蒂芬妮・菲爾德（Tiffany Field），覺得這些早產兒一直沒被父母擁抱，實在很可憐，於是請這些早產兒的媽媽來醫院，教她們正確洗手的方法，並每天伸手撫摸自己的寶寶。如果嬰兒生命跡象穩定，菲爾德甚至鼓勵她們將寶寶抱出保溫箱，輕輕搖，一天加起來四十五分鐘就好，時間不用太長。

結果你知道嗎？這四十五分鐘的撫觸擁抱，竟然讓早產兒的生長速度，比過去加快了五〇％！不只如此，過了一年之後，這些寶寶的認知能力與動作發展，也超越對照組的早產嬰兒。每天四十五分鐘的嬰兒撫觸，就能達成過去前所未有的醫學里程碑，效果真是令人吃驚。

菲爾德的研究結果，開啟所謂「新生兒袋鼠護理」的標準作業流程，現在醫學中心的早產兒或住院嬰兒，都會安排與媽媽肌膚相親的時間，在沒有衣服隔離的狀態下撫觸擁抱。有了袋鼠護理的介入，嬰兒心情好，抵抗力也因此提升，最後連感染率都下降了。從此，袋鼠護理成為新生兒病房的常規之一。

市面上有許多嬰兒撫觸教學，什麼從頭到腳啦！I、L、U字型啦！不漏掉任何皮膚啦！搞得媽媽們神經緊張。其實大可不必這麼複雜，如同我剛才所說，光是袋鼠護理，讓寶寶趴在自己肚皮上，你呼吸，他也呼吸，這樣就算是有效的撫觸了！在寶寶開心的前提下，沒事就摸摸他，拉拉小手，扯扯小腿，乘機培養安全依附關係，一切順其自然就好。

回應說話，為寶寶帶來安全感

最後一個原則「回應說話（Response）」，即是用言語和孩子互動。最能安定寶寶情緒的，就是媽媽溫柔的說話聲。嗯……好啦！爸爸溫柔的說話聲也很美好。總之，父母可以透過回應，打造與嬰兒的安全依附關係。

常跟寶寶說話，會讓他變聰明。根據美國一項研究，若父母平均一小時講二千一百個字，寶寶長大之後，智商會高出其他人五〇%。但是要知道，一小時講二千一百個字，其實並不少。所以父母照顧孩子是很忙的，要忙著跟他講話，怎麼還有其他時間看電視、滑手機呢？

問題是，跟語言不通的寶寶，要講什麼話呢？首先，不要為了硬湊二千一百個字，而去朗誦白居易的〈長恨歌〉、蘇東坡的〈念奴嬌〉。這種硬湊字數的朗誦，對建立安全依附關係完全沒幫助。

跟寶寶說話，可以「我口說我手」，就是把手上正在做的事情，邊做邊解釋給孩子聽，這樣就可以了。比如說，「媽媽現在正在泡咖啡哦！你看咖啡是黑色，咖啡好香哦！你看，媽媽現在幫你做午餐哦！這是雞蛋，打個蛋，哇！你看裡面是軟的，待會煮一煮就變硬嘍！」

要知道你對寶寶說的每字每句，都會烙印在寶寶的腦袋記憶中，將來他大腦語言區塊成熟時，詞彙量就會大爆發。更重要的是，藉由媽媽與爸爸的聲音，寶寶從聽覺上產生安全感，安全依附關係就自然產生了。

多擁抱孩子，並不會養出媽寶

父母若想培養親子的安全依附關係，可以從「POWER 五字訣」開始。很多人會好奇，全職媽媽和職業婦女，誰帶出來的孩子較有安全依附關係呢？答案是：只要願意回應寶寶呼求的媽媽，都能讓他擁有安全依附關係，跟是否全職沒有關係。當然，媽媽上班不在家時，替代的照顧者也必須是能安全依附的對象，寶寶哭的時候，身旁的人都願意用聲音回應他，用肢體擁抱他，就能帶出有安全依附感的寶寶。

坊間常有一種說法：「寶寶哭的時候不要抱，不哭的時候才抱，這樣才不會被寶寶要脅。」這方法肯定是錯的。嬰兒哭的時候，當然要去抱他，只是抱之前可以先觀察一下，寶寶現在需要的是什麼？他可能是餓了，這樣除了抱之外，也要幫他找食物；他可能是尿布濕了，如此除了抱之外，還要幫他換尿布。當寶寶對你發出聲音時，給他正確的回應，就是對孩子大腦最好的反饋。

多擁抱寶寶，並不會養出媽寶；多擁抱寶寶，也不會造成高需求、特別黏人的孩子。很多假專家喜歡倒果為因，看到黏人、害羞的小孩，就批評媽媽一定是小時候抱太多。但從研究來看，一歲之前多擁抱嬰兒，他長大了反而更有安全感。

有些嬰兒本身屬於比較高敏感、重感情的氣質，所以從嬰兒時期，就很需要被撫觸與擁抱來得到慰藉。這些孩子因為情感豐富，長大之後可能是暖男或貼心的女兒，也許會成為優秀的藝術家、音樂家、慈善家。說得不客氣一點，等我們老了、病了，會來照顧我們的，很可能就是當初那些「黏人」的兒女。

當然，身為一位醫師，我還是要提醒父母，擁抱孩子請量力而為。對於已經罹患五十肩、媽媽手、關節炎的家長與長輩，可以選擇用躺在床上玩的方式，表達你對孩子的愛，不要為此而打壞自己的身體健康。出門在外，若孩子需要擁抱，可以找個地方坐下來，將孩子擁抱個夠，再讓他自己走路或坐上嬰兒車，繼續前進。我在下一篇內容，會強調「依附對象不該只有一位」這原則，如果寶寶一天二十四小時，只有和母親作伴，人的精神體力有極限，肯定無法提供穩定的安全依附關係，所以一定要安排幫手，共同照護孩子。

除了擁抱外，有些孩子會跟媽媽建立「親子之間的小祕密」，證明彼此的親密感，比如：摸乳頭、咬耳朵、捏手臂、摳痣等。這些可能讓媽媽在大庭廣眾下失態的行為，可以視媽媽的忍耐度，決定什麼時候戒除。一般來說，超過三歲之後的孩子，都可以藉由講道理戒斷，或只保留「睡覺前」的你儂我儂。如果媽媽已經忍無可忍，等不到三歲，也可以在那之前，將「摸乳、摳痣」的動作，強制轉移為其他取代物，比如：摸史萊姆玩具、摳小玩偶的鼻子等。你的孩子可能會難過個兩週，之後就會接受了。

總而言之，是孩子的先天氣質，決定了與父母的相處模式。「黏人」與「將來變媽寶」並不存在因果關係。黏人的寶寶之所以令人挫折，根本原因是「主要照顧者累了」，而解決疲勞的方法，就是找更多幫手一起帶小孩。

16 代養者的重要性：一個人照顧嬰兒，肯定會累死！

在我的門診中，有些媽媽會抱怨，明明花了全副心思，陪伴三歲前的幼兒，結果孩子情緒愈來愈暴躁，這讓她們感覺非常挫折。一問之下，這些媽媽常是所謂的「一打一」或「一打二」家庭，也就是父親在外工作，母親在家帶小孩，每天母子（或母女）相依為命，不論睡覺、三餐、公園玩耍、上才藝課……都是媽媽陪，特別的辛苦。為什麼這些媽媽付出這麼多，卻得不到快樂，而孩子也愈來愈焦慮呢？

兒童心理學家愛德華・特隆尼克（Edward Tronick），曾經為了尋找答案，到非洲一個叫做「Efe」的部落裡觀察。他想知道，在原始的人類文化中，到底幾個成人照顧一個嬰兒，是比較恰當的，結果發現，在原始社會型態中，常是超過三個人，甚至到五個人，共同照顧一個小嬰兒，這五個人包含了親戚、鄰居、兄姊，以及雙親。而小嬰兒雖然每天有不同的依附對象，但仍然知道誰是媽媽，媽媽永遠是第一順位的依附對象。

英文有句著名的諺語：「拉拔一個孩子長大成人，需要整個村莊的努力。（It takes a

village to raise a child.）」要照顧一個嬰兒長大，最理想的配置是一個孩子，搭配二至五人來輪流照顧。在這樣的體系下，每個照顧者都能跟孩子，建立獨特的安全感跟依附感。雖然有二至五位依附對象，嬰兒依然會認定一位主要照顧者（通常是媽媽，也可能是爸爸或祖母），而這個人不會累到每天都沒辦法洗澡，沒辦法吃飯，沒辦法睡覺。

建立嬰兒依附關係，不能只靠媽媽一個人！

寶寶的安全依附關係，不能只靠媽媽一個人！要找多一些人，成為寶寶的安全感跟依附感的對象。然而我發現，現代人的生活圈看似很廣，但可信任託付的對象卻不多，尤其在都市的小家庭，很難找到二人以上的代養者，通常是媽媽擔任主要照顧者。由於沒人可以分擔，結果媽媽一個人，要扛下所有的心理壓力，我稱此為「缺乏代養者的世代」。

當寶寶的安全感，完全投注在媽媽身上，沒有第二順位、第三順位時，被依附的媽媽在寶寶心中，就是「獨一無二的真神」，他所有的情緒，都需要媽媽來了解與處理，寶寶會變得黏人，媽媽去哪裡都必須帶著孩子，上廁所、煮飯、洗澡都不能例外。在這樣的情況下，即使是鐵打的身體，也不可能受得了，當僅有的耐性被磨光時，情緒就會崩潰。媽媽時常崩潰，寶寶更害怕，因為他唯一能倚靠的媽媽，竟然也會情緒失控，結果使孩子脾氣變得更古怪。

大人與小孩的比例，「二比一」至「五比一」是最理想的配置，除了可以讓主要照顧者喘息外，還有其他額外的好處。幼兒的大腦發展，最需要的就是各種刺激，而且是與真人互動，尤其是語言帶來的社交訓練。若家中只有一人照顧孩子，就算每天都跟孩子說話，他在三歲之前得到的社交經驗，依然非常的薄弱。

我們不希望嬰兒的互動經驗，僅僅只有「寶寶－媽媽」這個模式，應該要加上「寶寶－爸爸」、「寶寶－其他大人」、「寶寶－其他小孩」等模式，才會更豐富，更有彈性。在二至五個人的照顧配置下，孩子日後與其他人相處時，就會顯得特別有自信，適應團體生活的時間也會縮短。

傳統大家庭年代，反而不缺乏代養者

有些人看到生個孩子，需要這麼多人共同照顧，或許會質疑，為什麼前一個世代的父母，一次生五、六個孩子，卻能臉不紅氣不喘的一肩扛起呢？答案還是回到剛才提過的諺語：「拉拔一個孩子長大成人，需要整個村莊的努力。」以前社會風氣較為純樸，街頭巷尾的鄰居，幾乎互相認識，常聽說媽媽煮飯煮到一半，請孩子去跟隔壁阿姨借蔥或醬油的故事，這在現代都市生活不可思議。換句話說，過去的孩子雖然生得多，但媽媽的幫手可能遍布左鄰右舍，需要幫忙時，人人都可伸出援手。

再者，當孩子長大一點後，尤其是家中的老大、老二，立刻無縫接軌扮演「被依附者」的角色，所謂「長兄如父，長姊如母」，他們適當承接弟弟、妹妹的情感需求，分擔媽媽的心理壓力。從這樣的角度來解讀，過去社會每養一個小孩，一樣是有約二至五個人的協助才能達成。

找幫手！找幫手！媽媽要找幫手！

既然要找幫手，在華人文化中，祖父母自然是最好的人選。不過「隔代教養」這四個字，常讓人聯想到教養觀念的差異，以及由此衍生的兩代摩擦，結果被賦予一些負面的意思。其實，這對祖父母並不公平，隔代教養之所以出現問題，是因為祖輩照顧孫輩時身心俱疲，加上沒有其他代養者分擔壓力，才會導致失能的情況，不能以偏概全。

根據中國教育學會家庭教育專業委員會的「中國城市家庭教養中的祖輩參與」狀況調查，顯示出家庭裡是否有祖輩參與教養，並不影響親子關係的品質；但「接受單一祖輩教養，父輩基本不參與教養」的兒童，心理健康狀況最差，問題行為也最多。這證明了隔代教養的缺失，僅限於那些「把孩子丟給老人家，就撒手不管」，沒有建立代養者團隊概念的父母。

我認為三代一起建立代養者團隊模式，是現代勢單力薄的小家庭，最直覺的配置。對一個穩定的家庭來說，父母是第一責任人，祖輩可以是「好幫手」，彼此有良好的互動，對前一篇提到的「POWER 五字訣」有共識，以建立嬰兒的安全依附感。當然，祖父母與父母之間，可能存在教養不同調的問題，關於這點，我在第五章會提供解決辦法，在此暫且按下不表。

如果祖輩已經不在，或是住得很遠，又或者健康不勝負荷，抑或是堅持行為主義的打罵教育，那麼，夫妻可能要考慮花錢請保母，建立自己的代養者團隊，至少維持到孩子三歲左右，這筆該花的錢一定要花，拜託不要省。如果能從鄰居或媽媽群組中找到適合的「神隊友」，一起建立代養者團隊，當然也是不錯的方法。總而言之，三歲前的育兒，不要自己一個人硬扛，那樣實在太悲慘了。

最後，我想特別解釋一下，父母們對托嬰中心的疑問。有人會問，如果寶寶送托嬰中心，是不是就沒辦法建立安全依附感呢？答案是「不一定」。根據美國國家兒童健康與人類發展研究所（National Institute of Child Health and Human Development, NICHD）的大型研究，寶寶送去托嬰中心的時間在每週四十五個小時以下，加上托嬰中心照顧者若有經過專業訓練，可以建立安全依附關係。追蹤三年後，兒童的心智與健康，都沒什麼大問題。

你可能會再問，如果一週超過四十五個小時呢？會不會造成寶寶心理的影響？答案是

「不知道」。不過如果一週送托嬰超過六十個小時，你跟寶寶相處的時間太少，彼此會愈來愈不熟悉，可能常常猜錯寶寶的需求，惹得他生氣不高興。

總之，寶寶零至三歲的教養重點，就是陪他建立安全依附關係，相信前幾篇已解釋得非常清楚。還記得哈洛嗎？他當初的夢想，是想把母愛給量化，用科學數據來顯現母愛的力量，這個夢想如今在二十一世紀得以成真。母愛不僅是人類大腦發展的肥料，也是對抗病菌感染的力量，以及身體成長茁壯的關鍵！

4 CHAPTER

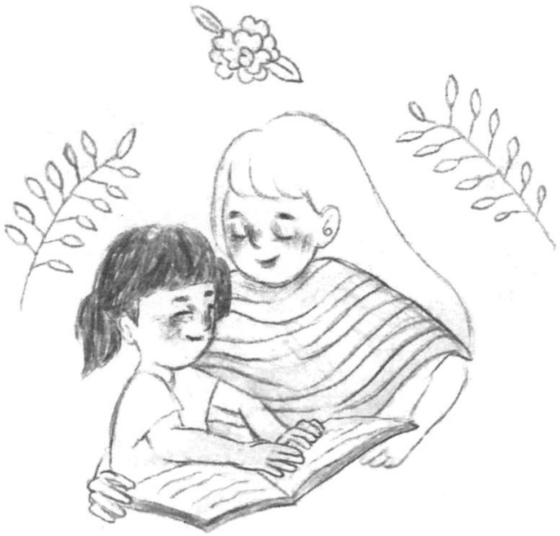

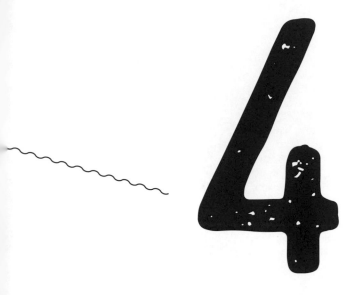

三歲前的語言發展重點：在真人互動中有效學習

我們在第三章提到，如何利用「POWER五字訣」來培養零至三歲兒童的安全依附關係。其中「和寶寶多說話」這部分，我想特別拉出一章來討論，因為這是很多父母非常在意的話題。在這一章裡，我會回答大家對很多語言學習的疑惑，包括寶寶幾歲還不會說話要擔心、嬰兒手語實不實用、適不適合從小雙語學習等。

17 跟寶寶說話：速度放慢、音調提高、自然回應

兒童的語言學習應該從幾歲開始？先跟各位分享一個加拿大的研究。

麥基爾大學（McGill University）的研究團隊，找來三組不同的人。第一組只懂法文。第二組懂中文和法文，會說雙語。第三組特別不一樣，他們一歲之前住在中國，一歲之後送到加拿大寄養家庭，長大後完全不會說中文，只會說法語。

研究者拿出播放器，放出中文朗讀的聲音，問第一組人：「你們聽得懂嗎？」每個人都搖搖頭；問第二組人同個問題，大家都點點頭；問第三組人，雖然他們外表看起來是華人，但跟第一組一樣聽不懂，沒有任何反應。

然而，神奇的事情發生了。當研究者用功能性核磁共振（fMRI）掃描這三組人的大腦時，發現那些完全不會說中文，但一歲前住在中國的成年人，在中文解讀的區塊，竟和第二組人一樣，正在使用中！意思是說，這些人雖然僅在嬰兒時期聽過中文，理智上早已忘得一乾二淨，但大腦卻還記得這語言的音韻，知道這是曾經聽過的熟悉語言。因此結論

是：兒童的語言學習，確實是從一歲之前就開始！

欸，等等！不要衝動，別急著上網訂購英語學習教材，請先看完這一段，再決定下一步該怎麼做吧！

孩子學語言，建議先顧好母語

閩南語有一句俗話說：「吃碗內，看碗外。」意思是說，碗裡的食物不專心吃完，老想著碗外的食物，結果最後碗裡的掉到地上，碗外的被搶走，落得兩頭空。嬰幼兒的語言學習，也是如此。

在第一四八頁我們提到，平均一小時講二千一百個字的父母，他們照顧的寶寶長大之後，智商會高出其他寶寶五〇%。因為兒童還不會認字之前，九成的學習都是靠耳朵聽，所以日常生活中，來自四面八方的說話聲，就是他學習的最佳來源。請問大家，一般情況下，我們生活中的說話聲，使用的是什麼語言呢？比如：買東西時、餐廳吃飯時、親朋好友來訪時，沒錯，全都是母語！

當寶寶從媽媽口中聽到：「要不要吃蘋果？」又在水果攤聽到老闆說：「蘋果大特價！」他對蘋果的概念就像拼圖一樣，愈來愈完整。但如果寶寶在家聽到的都是「apple」，就無法理解水果攤老闆說的「蘋果」是什麼，語言的掌握度，相對上就慢了一些。

所以，語言學習第一個法則，就是「先把母語學習好」。請主要照顧者，使用母語跟寶寶說話。不建議吃碗內，看碗外，以免兩頭空。

我曾經遇過一個孩子，他住在加拿大的法語區，從小爸爸講廣東話，媽媽說中文，幼兒園說英語，上小學開始進入法語教學。在這麼豐富的語言環境中，這孩子最後成了學習障礙患者，親子間也無法建立安全依附感。

為什麼呢？簡單來說就是「溝通不良」。當孩子有需求時，他的母語（其實也不知道哪一個才是母語）不夠好，無法使用正確的言語表達，父母看不懂也聽不懂，只能自作主張的隨便回應，或是忽略孩子的需求。長期無法和父母「連上線」，孩子的大腦自然也疲憊了，最後選擇把自己關在平板電腦的小世界裡，每天玩線上遊戲。

在此想跟你說的是：說母語，能讓寶寶掌握人生中第一種語言；說母語，帶寶寶出門時，任何人說話都能刺激他的大腦。

善用法勒說話術：速度放慢、音調提高、自然回應

除了每天用母語跟寶寶說話外，還有沒有什麼其他方法，可以提高寶寶對語言的熟悉度，進而提升智力？答案是「有」。

加拿大語言學家威廉・法勒（William Fowler）曾經發明一個「法勒說話術（Fowler

method）」，這個方法是，當嬰兒和大人在同個房間時，大人練習說話時遵守以下四個原則：

- 說話速度放慢。
- 音調稍微提高。
- 輕鬆自然的描述自己在做的事。
- 適當回應寶寶的需求。

結果發現，大人每天執行「法勒說話術」，孩子到了兩歲時，不只說話流利，甚至能掌握大部分的英文文法與句型。此外，這些孩子長大之後，經過研究者追蹤，竟然有六二％在高中成績名列前茅，排名在前二五％。

你看，用正確的方法跟寶寶說話，效果是不是很驚人？孩子大腦就像海綿，只要我們講話不要太快，都會一字不漏的吸收進去，只是他一開始還無法讀取，想表達時找不到字而已。

最後有個提醒，大人平常說話時，盡量不使用不明確的代名詞，比如：「你喜歡這個，還是喜歡那個？」所謂「這個」或「那個」的句型，無法讓孩子吸收到各種詞彙。既然寶寶的大腦像海綿，大人說話時，可盡量使用明確的字詞，比如：「寶寶喜歡藍色的盤子？還是綠色的杯子？」搭配手勢，寶寶就會猜出什麼是藍色、綠色，什麼是盤子、杯子，並將這些詞彙一個個抓進腦袋。等之後進入語言爆發期，孩子就可以更順暢的表達。

學說話最好的遊戲，就是「扮家家酒」

孩子兩歲之後，大人若常跟他玩扮家家酒，他在遊戲過程中，就有機會使用平常聽到的單字。要是用錯了，大人協助糾正一下，孩子馬上可以講出正確的語句，這是最棒的學習模式。

通常玩扮家家酒，都是模仿生活中的經歷，比如：餐廳點餐、廚房做飯、爸爸上班等。如果孩子玩扮家家酒，卻屢屢有超出日常現實的行為，像是拔槍射擊啦！打打殺殺啦！這表示大腦海綿吸進太多電視、卡通的劇情，虛實不分，對語言發展恐怕不太ＯＫ。

專家發現，三歲以下兒童，電視看愈多，平板使用愈多，語言能力就愈差。美國華盛頓大學的一個研究指出，三歲前的孩子，把時間花在看語言學習影片，或是那些看似品質優良的卡通，長大之後學到的字彙反而「更少」。每天只要多看一個小時電視，未來的語言能力就會下降一五％，也就是說，如果嬰兒每天看三個小時平板電腦，將來語言能力就下降四五％！

提早送孩子去上學，不見得是好主意

一般兒童的語言發展，在六個月左右會發出 bababa 的聲音，一歲懂得爸爸、媽媽，一歲半至少可以說五個單詞，兩歲時可以說有主詞、動詞、受詞的完整句子。我在診間若發現兒童未達上述標準，會向孩子做三個確認：

1. 二隻耳朵聽力都正常。
2. 沒有自閉傾向。
3. 能聽懂大人說話。即使沒手勢輔助，也能完成「幫我拿某個東西來」之類的指令。

在這三個前提之下，或許這些孩子只是「大雞晚啼」，口語發展時間較慢，值得父母耐心等待。

兩歲的孩子，常因為口語表達落後，被旁人建議：「提早送去上學就好了。」結果造成兩極化的影響。大部分孩子被送去上學後，由於接收大量的語言刺激，兩個月之後，語言能力果然大躍進，嘰哩呱啦一直講，讓爸媽很滿意，這是令人開心的結局。但也有少部分孩子，因為不到三歲，心智尚未成熟，送到學校後出現嚴重的分離焦慮，無法融入團體生活，語言能力不進反退，甚至出現失控、哭鬧等退化行為，親子之間更沒了安全感。

因此，提早送孩子去上學，並不是語言發展的萬靈丹。首先，你的孩子需要先有其他團體遊戲的經驗，而且能與家長暫時分離不焦慮，才考慮送去學校。第二，如果家裡沒能力給孩子「多人」的語言刺激，比如：沒有足夠的代養者，只有媽媽面對孩子，沒空親子共讀，也沒辦法有更多「親朋好友」跟孩子玩。若是如此，提早送孩子去學校，或許是唯一的選項。

因此，本篇的結論是：母語只能用親口教學。若有多一點「人」，願意每天花時間跟孩子說話，給他口語刺激，就能讓孩子提早掌握語言能力。

18 一歲半之前：電視、手機、平板的使用建議時間是零分鐘

美國西雅圖的兒童健康行為發展中心（The Center for Child Health, Behavior and Development, CCHBD）做了一項研究。研究者在三百二十九個有兩歲以下幼兒的家庭中，放置隱藏式錄音機。錄音機要錄什麼呢？錄電視的聲音，以及家人說話的聲音。

經過兩年的研究，結果發現一個驚人的數據：每當電視的聲音出現，大人跟寶寶講話的頻率，會從每小時說九百四十個字，降到只剩下一百七十個字，減少幅度高達八〇％。

當電視聲音一出現，或是大人手機一開，大家就不說話了，而寶寶呢？也就沒有語言刺激了。你可能會說：「有啊！有電視的聲音！電視裡有人說話。」別鬧了，前一篇我才提到，嬰幼兒每看一個小時電視，未來語言能力就下降一五％，這表示電視或平板的聲音，無法刺激孩子的大腦發展。

三歲之前的幼兒，大腦尚未發育成熟，亟需大量與「真人」互動的經驗，藉此學習語言邏輯、社交能力、專注力，以及觀察一般物理現象等。事實上，只要是學齡前兒童使用

電腦、平板、手機，都必須是在大人陪同下使用，而且從旁以口語複述節目內容。

電視、平板、手機的三大危害……

美國兒科醫學界呼籲，成人不要讓未滿一歲半的孩子看電視，認為合理的使用時間，是沒有妥協的零分鐘。孩子三歲之前，若能完全不看電視、平板、手機，這是更理想的做法，如果做不到這種程度，至少一歲半是不能退的底線。

不論是一歲半或三歲解禁，學齡前孩子仍需在家長的陪伴下，才能使用電視、平板、手機，而且每天的上限是「一小時」。到底看螢幕對幼兒的影響是什麼？可以從三個面向分析，表18.1是簡單的整理，以下是關於各面向的詳細說明。

表 18.1
螢幕對幼兒的三大影響

影像本身的影響	・過度的聲光刺激，影響學習力與專注力。 ・近距離看手機、平板，影響視力發育，提高近視機率。
節目內容的影響	・單向「聽」節目，少了對話互動，導致語言發展遲緩。 ・聲光效果刺激過度，提高孩子注意力不集中、焦躁不安、衝動的機率。 ・三歲之前的孩子看電視時間愈長，閱讀能力和理解力愈差。 ・部分暴力行為或商業廣告，可能扭曲孩子價值觀。
其他間接的影響	・看影片時間過長，親子互動大幅減少，關係變得疏離。 ・長時間坐著不動，導致運動不足、肥胖等問題。 ・壓縮其他活動的時間，影響孩子全面發展。

影像本身的影響

聲光刺激：螢幕的閃爍光影、變換畫面、快速剪接等聲光效果，對幼兒正在發育的大腦刺激太過強烈，是相當不利的因素。人類三歲前的大腦，對於周遭的細微變化非常敏感（父母一定有經驗，兒童常注意到大人沒發現的環境細節），大腦在這段時期建立的「腦內秩序」，是未來思考運作的基石。年紀愈小的嬰兒，若給予過度的聲光刺激，可能讓神經網路錯誤連結，影響未來的學習力與專注力。

視力發育：嬰幼兒時期視力還未完成發育（六歲才有正常人的視力），孩子需要東看西看，獲得全視野的發展，而手機、平板會讓幼童的視線，只集中在一個框框內。雪上加霜的是，上一代兒童雖然看電視，但由於電視距離較遠，反而不易近視，這一代兒童看手機、平板，用眼距離比看電視更近，近視普及率肯定更高。

節目內容的影響

語言發展遲緩：有些父母以為，孩子可以跟著影片學語言，其實孩子從生活環境裡學語言，才更有效率。由於影片是單向的「聽」，無法取代人與人之間的對談和互動，如同本篇開頭所述，電子產品一開機，父母和孩子說話的字量立刻銳減八〇%，看螢幕的時間愈久，對語言發展愈不利。

無法專注：當孩子適應電子產品的過度刺激，現實生活的刺激就顯得平淡，無法吸引兒童的興趣。現代兒童不論是出門聚餐、旅遊、運動，只要行程稍微緩慢，就跟家長猛討手機來玩。這是因為他們的大腦，已經習慣重口味「聲光效果」的刺激了。根據華盛頓大學二〇〇四年的研究發現，三歲之前的孩子電視看得愈多，到七歲時，出現注意力不集中、焦躁不安、衝動的機率愈高。值得注意的是，即使孩子在其他房間活動，電視的「背景聲音」也會影響孩子的睡眠、專注力，並提高衝動行為的機率。

認知或閱讀障礙：雖然有實驗證明《芝麻街》（*Sesame Street*）之類的兒童節目，確實可以幫助三歲以上兒童，學習更多的詞彙，但對三歲以下的孩子，效果卻恰恰相反。研究顯示，三歲以下的孩子，每天看電視的時間愈長，閱讀能力和理解力也愈差，看到一串數字，能夠記住的長度也比不上同齡孩子。這些能力的下降，都會影響到孩子日後的學習和成就。

價值觀扭曲：卡通中的暴力行為，可能會讓孩子模仿；充滿商業行為的廣告，也會誘惑孩子消費，扭曲孩子的價值觀。

其他間接的影響

親子關係疏離：幼兒花費過多時間看影片，大幅減少與家人的言語互動。雖然有些父母會陪孩子看卡通，但這樣做多數是為了休息，很少在看卡通時和孩子互動、學習，常處於「人在心不在」的狀態。這樣不但無法增進孩子的身心成長，反而錯過他重要的發展階段，虛擲寶貴的親子時光。

運動不足：全世界的肥胖兒都在增加，電視與垃圾食物難辭其咎。長期看電視的孩子，不但運動量不足，容易肥胖，也可能養成懶散、被動的習性。研究證明，肥胖兒有一〇％是疾病引起，一〇％是家庭遺傳，剩下的八〇％都屬於單純性肥胖，共同特點是「愛坐著看手機、平板、電視」。

剝奪其他活動時間：嬰幼兒階段是腦功能發育階段，需要均衡的腦部刺激，才能衍生更多的腦神經迴路與連結，如果長時間看影片，相對來說，就減少了玩沙、溜滑梯、扮家家酒、玩黏土、畫圖等活動的時間，而這些活動對孩子的全面性發展（例如：手眼協調、感覺統合、衝動控制等）更為重要。

孩子可以用視訊聊天或讀電子書嗎？

電子產品的使用，在某些情況下可以例外。像是「單純視訊聊天」，因為是屬於真人互動，比較沒有特殊的限制。另外也有家長會問：「如果是電子書呢？學齡前兒童，能用電子書來親子共讀嗎？」答案是「可以」，但必須要爸媽親自口讀，而不是用播放ＣＤ或錄音筆代替。因為親子共讀的目的，並不單純是傳達故事內容，而是要創造親子間的語言交流與互動。因此，只有透過你一言我一語的共讀，對學齡前孩童才有正向的效果。

我也不建議家長們挑選太花俏的動畫電子書，而要盡量挑選畫面樸素、簡單，就像一般繪本一樣的電子書，以免影響孩子的專注力。至於某些所謂「寓教於樂」的App，雖然號稱能提供孩子知識的學習，但家長要思考清楚再做決定，而且不管它描述得多天花亂墜，一律等到孩子三歲後才使用。

19 親子共讀：關鍵在於「共」，而不是「讀」

你今天讀故事書給孩子聽了嗎？

美國有次調查「三歲以下」孩童的家庭，發現有一六%的家長，從來沒有讀故事書給孩子聽；二三%的家長，一週只讀不到二次。你可能會問：「什麼？三歲以下？他們連字都還不會認呢！何必浪費時間呢？」家長如果有這種想法，那還真是大錯特錯了。

親子共讀，可提升兒童學習力、注意力與想像力

一九八九年，美國波士頓的兒科醫師，共同發起一項鼓勵家長親子共讀的計畫。這計畫持續了二十年，每年送出五百七十萬本童書，教導三百五十萬名兒童的家長，如何進行親子共讀。

從這項活動的研究結果可以發現，學齡前的親子共讀，確實能提升孩子的閱讀能力與口語表達，而且讀的時間愈多，效果愈顯著。也因為擁有這二項能力，這些孩子日後的學

習效率是突飛猛進，表示親子共讀能有效提升兒童的學習力。

此外，紐約大學醫學院小兒科醫師艾倫·門德爾松（Alan Mendelsohn），曾經針對紐約都會地區的低收入家庭進行研究，發現有親子共讀的家庭，孩子從三歲之後，行為就會有所不同。三歲孩子若在有親子共讀的家庭中，明顯更能控制自己的情緒，注意力也更集中。等孩子三歲以後，研究員持續每半年追蹤一次，發現親子共讀對孩子行為的影響，仍然持續發酵，直到上小學都是如此。

請大家不要誤會，以為親子共讀是「媽媽的事」，爸爸與孩子一起讀童書，對他影響更大！哈佛大學研究發現，睡前親子共讀，若由爸爸陪孩子閱讀，效果比媽媽更好。科學家們發現，媽媽讀繪本時，容易被細節所困，但爸爸天馬行空的說故事方式，更容易引發孩子發散性的思考，以及更有想像力的討論。

零歲共讀，是極好的嬰幼兒語言刺激

親子共讀可以提升孩子的學習力、專注力與想像力，那什麼時候可以開始共讀呢？答案是「六個月」。過去的看法認為，孩子要在三、四歲後才能共讀，但後來研究發現，零歲嬰兒期的共讀，可以為孩子的大腦，帶來極好的親子互動經驗和語言刺激，因此盡早投入閱讀，效果更佳。

當孩子約六至八個月大，可以穩定坐在父母的大腿上時，只需要幾分鐘的注意力，就能開始親子共讀。孩子初期會把書拿來探索（搶書、啃書、撕書），不會共讀得很順利，這時爸媽不必太焦慮，覺得：「孩子是不是不喜歡閱讀？」這是正常的發展過程。有了多次親子共讀的經驗後，孩子會從中慢慢感知到，在書本出現時，父母會用不一樣的語調，說故事給自己聽，也會慢慢感覺到，現實生活與書中表徵的串聯。

兩歲之前的兒童，共讀時都是在看圖，對故事的理解程度是零碎的，所以當孩子拿起童書，不按常理出牌，硬要往後翻頁，找到他喜歡的那張圖，都是很正常的。孩子甚至會粗魯的往後翻頁，一旦沒找到喜歡的那張圖，隨手把書一丟，立刻換一本童書，這也十分正常。

只要父母不厭其煩，不感到挫折沮喪，對親子共讀「輕鬆以對」卻「持之以恆」，這樣就會成功了！

親子共讀：關鍵在於「共」，而不是「讀」

許多父母聽到，六個月就能開始親子共讀，都忍不住躍躍欲試。不過千萬不要搞錯了方向，關鍵在於「共」，而不是「讀」。相信你也希望，孩子能擁有「快樂的親子共讀」，而非「強迫的親子共讀」經驗。

親子共讀不該是父母強行置入ㄅㄆㄇ、ABC的媒介，更不該是寶寶聽不懂的《三字經》、《弟子規》洗腦時間。共讀雖然有些需要注意的小技巧，但是以大方向而言，親子共讀的基本精神是：幫父母找話題，跟孩子聊聊天。

研究顯示，如果父母採取所謂的「對話式共讀法（dialogic reading）」，在讀繪本時，向孩子提出開放性問題，甚至彼此聊開了，把繪本丟一邊繼續聊，一個月後，幼兒的表達性語言能力，都可以得到顯著的進步。雖然每位家長的個性不同，有些人是屬於「描述型（describer style）」，喜歡把繪本的每個環節都講清楚，也有人屬於「展演型（performance-oriented style）」，不拘小節，只求故事講得生動有趣，不管是什麼方式都好。而不同的閱讀方式，也會吸引不同氣質的小孩。

親子共讀不僅沒規定方式，連時間、地點都沒有限制，家長只要隨手拿到故事繪本，就可以立刻開始和孩子聊天！現在各大圖書館都有可借閱的繪本，親子館到處林立，網路書店更有一堆童書，父母真的沒有藉口，不從零歲就開始讀給孩子聽。建議在開始親子共讀前，可以先去認識，不同年齡的兒童適合怎樣的書，對書本的反應是什麼（表19.1），擁有基本的了解之後，就不會再對親子共讀感到挫折了。

在挑選繪本時，請記得挑「自己也覺得有趣」的書，因為如果連大人都覺得內容興味索然，怎麼還提得起勁讀給孩子聽呢？如果不確定寶寶喜歡哪一類型的書，可以先用借閱

表 19.1
不同年齡兒童對
書本的認知與共讀方法

年齡	認知	共讀方法
0.5～1 歲	・看到圖片。 ・用手拍打圖片。 ・喜歡有臉的圖片。	・用手指東西，告訴他那是什麼。
1～1.5 歲	・拿書不會拿錯邊，不會上下顛倒。	・讓孩子自己拿書。 ・問孩子：「〇〇在哪裡？」
1.5～2 歲	・注意力可長可短。	・問孩子：「那是什麼？」 ・讀到某些熟悉語句，可以暫停一下，讓孩子接著完成。
2～3 歲	・可以將圖畫與故事連結在一起。	・不厭其煩讀同一本書。 ・提供蠟筆和紙，讓孩子畫圖。
3 歲以上	・已經知道書的內容就在「文字」裡。 ・讀書時會用手比劃著句子（即使看不懂）。 ・可以認出一些字。	・讓孩子說故事給家長聽。

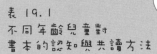

的方式，嘗試各種不同風格的書。若發現孩子對某種畫風感到興奮，可以上網搜尋，購買同一作者的繪本，既能投孩子所好，也比較不會浪費錢。

別把電子產品當作故事保母

話說回來，現代學生與成人的世界，幾乎都已被平板電腦占領，所以親子共讀若用電子書或互動式 App，可不可以呢？

剛才我提到，親子共讀最單純的目標，就是「找個話題跟孩子聊天」，在這樣的前提下，親子共讀時使用單純的電子書，似乎沒有違背親子共讀的精神。不過美國兒科醫學會還是強調，在兩歲之前，除非是與家人視訊聊天，否則平板電腦還是收起來較好，以免大人一個不小心，就「跨越了那一條紅線」。

另外，從兒童的角度思考，兩歲之前的幼兒會吃書、啃書、捧書、撕書，有些孩子會把最愛的書變成「安撫物品」，必須隨身攜帶，這樣一來，昂貴的平板電腦就不適合了。而且現在的電子書或互動式 App，有些功能並不單純，時常會迸出一些聲光效果，干擾孩子幼小的大腦，因此可能還是等年紀大一點再接觸比較妥當。

千萬別把電子產品當作故事保母，代替家長講故事，這是沒有效果的。日本聖隸大學的研究指出，圖畫書先製作成ＤＶＤ，再讓親子一起觀看，並無法刺激孩童前額葉的活動，對促進孩童認知、學習及語言能力的發展沒有幫助。唯有父母親自進行「對話式共讀」，孩子大腦的活動才會被啟發，事實擺在眼前，真是想偷懶都難啊！

孩子的童年只有一次，誠心建議父母們，請好好把握五歲前的親子共讀。在我看來，沒什麼比它更重要的事了。

20 雙語早教，該注意的六件事

在本章開頭我們提到，寶寶一歲之前，大腦就已開始吸收聽到的各種語言。但同時我也強調，先掌握好母語，才是語言能力的關鍵，太多語言混雜在一起，對孩子的語言發展不見得是好事。有些媽媽就會問：「那如果家裡讓爸媽分工，一個人講中文，一個人講英文，這樣可以嗎？或是從小就給寶寶聽英語ＣＤ，這些方法可以幫助孩子，提早熟悉第二語言嗎？」

學語言，真人對談才有效果

華盛頓大學的博士派翠西亞．庫兒（Patricia Kuhl），曾經做過一項研究，她將一群九個月大的嬰兒分成二組，教他們「學中文」。其中一組孩子是用中文的ＤＶＤ影片，時常播放給寶寶聽；另一組則是找了中文保母，一週三次，跟嬰兒用中文遊戲二十五分鐘。四個月之後，驗收的時刻到了。二組嬰兒經過測試發現，那些聽中文ＤＶＤ影片的寶寶，對中文依然沒任何反應；而有中文保母陪伴的寶寶，聽到中文的反應十分良好，甚至已經跟從小聽中文的台灣嬰兒一樣靈敏！

從這項研究可以得知，嬰幼兒的雙語早教，必須由真人溝通才有效果，聽音檔或看影片，都是研究證實無效的做法。真人溝通的時間不必太長，一週三次即可，但必須由「以英文為母語的人」跟寶寶對話，才能讓大腦正確吸收此語言的獨特音韻。我相信未來可能會有人工智慧保母，或許這些機器人可以說出母語般的英文，但仍需要進行研究，確認是否同樣可行。

不要一人說兩種語言

每種語言都有其獨特音韻，嬰兒雖不見得能理解語言的內容，但熟悉音韻之後，可讓未來語言的學習事半功倍。因此，若爸爸或媽媽的第二外語非常標準，不帶口音，這時夫妻分工，一人負責跟寶寶講一種語言，這是沒問題的。但還是要提醒一下，用這種分工方式的家庭，主要照顧者最好還是講母語（或孩子生活當地較常聽到的語言），讓次要照顧者說外語，才能把母語的基礎先建立好。

假如父母的英文雖然說得還不賴，卻帶有濃厚的奇怪口音，奉勸還是不要打壞孩子的音韻感，乖乖說母語就好。如果有其他親戚想加入多語行列，在嬰兒面前用標準的第三語言（或方言）溝通，理論上都可以共襄盛舉，畢竟這些人與嬰兒相處的時間不多，且聽且學並無傷大雅，而基本原則也一樣，就是此人的語言必須流利、標準。

還有父母們請注意，千萬不要一人分飾二角，奇數天說中文，偶數天說英文，這樣做並不妥。更糟糕的做法，是一句話裡夾雜二種語言，例如：「你看 rainbow 好漂亮！」「媽媽今天 prepare 一道 pasta 給你吃」，這種陰陽怪氣的文法組合，會讓嬰兒無法判斷語言獨特的結構，反而造成日後學習外語的困擾，還是別試為妙。

上雙語學校有效嗎？

剛才提到，孩子要與真人對談，才有辦法提前建立對語言的熟悉度，於是許多純美語學校或雙語學校，就成了家長花錢「早教」的選擇。

不過雙語學校的環境，跟我們剛才提到「有外語保母一對一聊天」的研究，存在著很大的差異。在雙語學校中，英文能突飛猛進的孩子，可能沒你想得那麼單純，基本上，這些孩子通常有二個特徵：

- 已有部分的英語能力，不是傻傻的，什麼都不懂。
- 個性活潑，會主動找外國老師聊天，或是會主動舉手發言、回答問題。

我們幾乎可以這麼形容，雖然一個班級有十來個學生，但這一、二個孩子，幾乎占據外國老師所有的注意力，不論上課或下課，他們都跟老師你一言、我一語，這樣的孩子送雙語學校，自然是最划算的。

但你有沒有想過，這些孩子的基礎英語能力是從哪裡來？可能是家裡有次要照顧者，偶爾會跟他們說英文，或是其實有一對一英語家教……總之不太可能原本是一張白紙，送去學校後，突然就學會說英文。人的大腦基本上是懶惰的，只要身邊有人會說中文，這些對英文不熟的孩子，就會選擇跟旁邊的人，用自己最熟悉的語言聊天。只有身邊沒人可說中文，得和外國人面對面時，孩子沒其他溝通工具可選，才會被逼著使用自己較不熟悉的語言。

所以如果你的孩子，在家沒人能跟他說英文，本身個性又比較害羞，不敢隨便發言，在種種不利的條件之下，即使被送去雙語幼兒園，可能也只會一直搗蛋，或者找旁邊的人用中文聊天，還要被老師或家長批評，說他的英文都沒有進步。這樣下來，孩子只會更討厭英文，更不想學，甚至覺得自己英文就是爛，一輩子沒有進步的可能。

因此我還是建議，家長不要好高騖遠，先讓孩子掌握好母語，等他長大一點，心智稍微成熟之後，再從他有興趣的主題，比如：NBA籃球或漫威電影，慢慢誘發他對英文的興趣。現代孩子很幸福，網路上各種語言的學習管道應有盡有，不用花錢也不用出國，就能練就一口標準的英文。

唯一會造成學習外語的障礙，是一個人打從心裡失去學習動機、自我否定，落入第四十九頁提過的三種錯誤思維：我這個人英文不好（個人化），我什麼語言都學不好（廣泛化），而且我永遠學不好（永久化）。

而家長最不應該做的事，就是把這種負面的「定型化思維」，傳遞給我們的孩子。

雙語早教該注意的六件事

1 真人對談才有效，音檔、影片皆無效。

2 母語時間要大於外語時間。

3 若是口音太濃厚、不標準，不適合說給寶寶聽。

4 不要在同一個句子中，穿插二種語言。

5 只要符合前四項原則，增加第三或第四語言並無大礙。

6 不要用錯方法，以免打擊孩子學外語的自信心。

21 語言發展時期：扮演孩子的翻譯官

情境角色扮演

想像你現在是一位遠赴俄羅斯的外派人員，幾乎不會說俄語，當地人也不會說中文與英文。明天就是第一天上班，你獨自住在人生地不熟的異域，心情既緊張又焦慮。

進了辦公室，你遇到第一位同事，比手劃腳的想問他：「哪裡有水可喝？」同事看不懂你的手勢，敷衍了兩下，然後頭也不回的走了。你因此感到很挫折。

接著你遇到第二位同事，這回用非常不標準的俄文，勉強擠出一句：「波替？」他嚴肅的看著你，糾正你的發音，並且要求你標準的唸三次：「воды、воды、воды。」然後他才願意帶你去飲水機。

回到座位上，你為自己的溝通不良感到難過，輕輕罵了一聲粗話，然後用力拍了一下辦公桌面。這一拍被老闆聽到了，他立刻嚴肅的找你談話，警告不能在辦公室亂生氣。

這樣的日子，一天又一天的過，最後你終於被逼瘋了，立刻訂機票回台灣。

三歲前幼兒的溝通困境

角色扮演遊戲結束，現在回到現實世界，然後設身處地，想像一下你家寶寶的處境。他呱呱墜地來到這世上，開始努力學習地球上的語言，其實就跟我們被丟到人生地不熟的異域一樣，有時聽得懂，有時聽不懂，而且就算聽懂了，由於大腦的說話中樞尚未成熟，想說也說不出口。

一般兒童的語言發展，六個月學會咿啞，一歲會說疊字，一歲半至少會說五個詞。但是要非常注意，孩子的語言發展速度，乃是因人而異。如果你的孩子語言發展比較慢，在排除「聽力障礙」及「自閉傾向」二種疾病之後（我在後面會詳述，如何早期發現自閉傾向），就要認真考慮到，孩子其實是聽得懂，只是暫時還說不出口。他們大腦對語言的理解，可能已經超前非常多，但嘴巴能說出的詞句，不見得能跟上。這導致寶寶常有苦說不出，也常生氣。

語言發展還未成熟的孩子，就像是我們剛才模擬的那位俄羅斯外派人員，他們的願望很簡單，就是希望上帝賜下一位溫柔、有同理心的翻譯官，幫忙翻譯嬰兒的語言，把它變成大人的語言。而最理想的翻譯官，就是爸爸媽媽。

表21.1是三歲前幼兒常見的四個溝通困境與解決方法，接下來，我將依序分別為各位詳細說明。

聽得懂但說不出口

對於兩歲前比較「大雞晚啼」的孩子，如果父母有在家裡使用嬰兒手語，就可以讓他得到基本的溝通能力——比手劃腳。

嬰兒手語其實並不困難，它的精髓就是，大人平常在說話時，練習「我手比我口」，像是說再見時做揮手的動作、說肚子餓時做吃飯的動作，讓寶寶知道這手勢代表什麼意義。這樣一來，在孩子聽得懂但說不出口的時期（大約一至兩歲），就可以使用學過的手勢，簡單的與父母溝通。

嬰兒手語最簡單的例子，就是代表再見的「揮手」。所有嬰兒都知道，再見的手語就是揮手，不用教也能自己

表 21.1
三歲前幼兒
常見溝通困境與解決方法

溝通困境	解決方法
聽得懂但說不出口	使用嬰兒手語，與孩子進行簡單溝通
發展性構音異常（發音不標準）	以正確的音韻，複述孩子想表達的詞
暫時性結巴	幫孩子把話接下去，讓句子順暢
不知如何表達情緒	以關心的問話，替孩子翻譯情緒

學會，因為從他們出生開始，每個大人說「再見」時，都會做出「揮手」的動作。等寶寶稍微長大，已經知道揮手代表再見，雖然嘴巴還說不出「再見」二字，依然能用揮手表示「我想走了」，媽媽這時就可以做出正確的回應。

如果沒有嬰兒手語，這些語言發展比較慢的一至兩歲孩子，就只能大哭大鬧，媽媽也只好亂猜：「是餓了嗎？是想睡嗎？是疼痛嗎？」翻譯充滿阻礙與困擾。所以在寶寶出生之後，夫妻可以事先約定，肚子餓怎麼比劃？口渴怎麼比劃？開心怎麼比劃？想睡覺怎麼比劃？自己發明手勢，多加練習，習慣成自然。

發展性構音異常（大舌頭）

所謂的「發展性構音異常」，其實就是說話發音不標準，俗稱的「大舌頭」。在孩子的小小腦袋中，因為語言認知還不成熟，很多字音聽起來都差不多，所以對某些字，會挑比較順口的音來發。

舉例來說，「ㄓ」跟「ㄉ」二個音，大人聽起來完全不一樣，但三歲前幼兒聽來可能差不多。所以對「蜘蛛」這詞彙，既然「ㄓ」很難發音，有些幼兒就選擇用較簡單的「ㄉ」取代，「ㄓ ㄓㄨ」被說成「ㄉㄧ ㄉㄨ」，然後大人就聽不懂了。不同階段的嬰幼兒，隨著大腦的成熟，以及口腔肌肉的精細度，可陸續學會發出許多的語音（表21.2）。

因此當孩子說出奇怪的發音時，不需要一直糾正他，只要以正確的音韻，複述一次他想表達的詞，幫助孩子有機會學習正確的音韻。舉個例子：

孩子：「那裡有一ㄉㄧ ㄉㄧ ㄉㄨ！」

媽媽：「你想要說的是，那裡有一隻ㄓ ㄓㄨ嗎？」

孩子：「是。」

媽媽：「謝謝你，我知道了。」

通常構音異常的孩子，如果四歲還沒有建立正確的發音方式，可以求助語言治療師的幫助。透過語言治療，讓孩子訓練口腔肌肉，很快就能把發音矯正回來。但千萬別拖太久，要是養成說話

表 21.2
不同階段嬰幼兒的構音發展歷程

嬰幼兒年齡	構音發展
2 歲前	學會所有母音和音調
3 歲前	能發出ㄅ、ㄆ、ㄇ、ㄉ、ㄊ、ㄋ、ㄍ、ㄎ
3～4 歲	能發出ㄐ、ㄑ、ㄗ、ㄘ
4～5 歲	能發出ㄒ、ㄙ、ㄓ、ㄔ、ㄕ

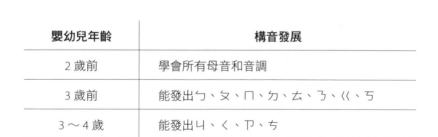

習慣，有時就很難改回來了。再次強調，其實構音異常的孩子，九九％都和舌繫帶過短無關，剪舌繫帶並無法解決「大舌頭」的問題，這是台灣家長普遍的迷思，請多多廣傳正確觀念。

暫時性結巴

暫時性結巴，又被稱為「兒童發展性口吃」，時常發生在孩子二・五至五歲之間。他在興奮、緊張的時候，會「我、我、我……」句子卡在第一個字說不出口，很多父母會因此做錯誤的回應：皺著眉頭叫孩子「慢慢來」、「重講一次」、「講順口一點」等。

其實，這同樣是因為孩子「想的比說的快」，情急之下，舌頭就卡住了。這時，聰明的爸媽應該要做的，是「幫孩子把話接下去」，協助開個頭，之後整個句子就會順暢了。情境如下：

孩子：「這、這、這……」

媽媽：「這本繪本？」

孩子：「嗯，是上次去圖書館我看到的同一本，裡面有一隻黑熊，牠跟猴子是很好的朋友。」

通常會發展性口吃的孩子，都有說話很快的父母，所以他很想跟上大人的說話速度。因此父母也要試著學習，把說話速度放慢一些。

不知如何表達情緒

寶寶從八個月就開始會發脾氣，有些父母會覺得，如果從小讓孩子發亂脾氣，長大後會變本加厲，因而時常制止他宣洩怒氣的行為，「不可以尖叫」、「不可以打人」、「不可以打頭」、「不可以摔東西」……的確，上述的幾個「不可以」，都是未來要教導孩子的規矩，但有必要在三歲之前，不停否定孩子的行為嗎？

我在第一章曾經介紹艾瑞克森的人格發展理論，在兒童一歲半之後，是培養自我意識、建立自信的關鍵階段。在這段牙牙學語的時期，父母若能體會孩子有口難言的苦衷，不去否定他的情緒表達，對孩子未來的語言發展、溝通或自信心的建立，都是相當重要的支持力量。

不要再落入行為主義的窠臼，行為主義就是治標不治本的「鋸箭法」，只處理外顯行為，不探究背後情緒。第三章討論建立孩子安全依附關係時，我曾提過四句「正向思考的座右銘」，其中第一句就是「孩子不是故意的」，各位還記得嗎？

寶寶尖叫是故意的嗎？不是，因為他年紀小，不懂得怎麼表達開心或難過，所以尖叫。這時爸媽可以先幫寶寶翻譯情緒：「瞧你開心的！」再來可以描述自己感受：「可是我耳朵快爆炸了！」如果真的受不了，可以帶寶寶離開現場，或者把耳塞掛上忍耐一下。錯誤的鋸箭法教養，包括手指彈唇、掌嘴、摀嘴等，這樣做只會讓寶寶更沮喪，更變本加厲的叫，搞得全家烏煙瘴氣。

其實，父母只要學會「不被孩子的行為操弄情緒」，掌握問話起手式：「你怎麼啦？哪裡痛嗎？難過嗎？挫折嗎？開心嗎？飢餓嗎？」不論有沒有猜中，寶寶立刻就能從這些關心的問話中，得著心理上的安慰。

下次當孩子出現情緒發洩行為，卻還沒有足夠的溝通能力時，請把他想像成俄羅斯外派人員，體會那種有苦說不出的心情。任何人在沮喪之中，只要有人能走過來，拍拍他的肩膀，說聲：「Are you OK?」不管他是否能幫上忙，都會讓人感到溫暖。

22 語言發展遲緩，要考慮自閉症：早期發現，早期診斷，早期治療

一位媽媽推著雙胞胎的嬰兒推車，來到我狹小的診間；她帶的二個孩子是龍鳳胎，年紀差不多一歲半。妹妹從進門開始，就有點侷促不安，眼神不時觀察著我是誰，想對她做什麼，身體扭來扭去的，想要媽媽抱抱。隔壁的哥哥則乖乖順順的坐在嬰兒推車上，不吵不鬧，看起來不太害怕。

但媽媽今天想要帶來看醫生的，並不是那個準備逃跑的妹妹，而是過度冷靜、不動如山的哥哥。哥哥到現在還不太會說話，也不太理人，常常一人處於放空狀態。當妹妹已經學會揮手表示再見，能用手指指出自己想要的物品，以及照相時會按著大人的指令看相機時，哥哥卻毫無反應，大多數時候甚至連看人一眼都不肯。

媽媽雖然不是專業人士，但根據每天照顧二個孩子的經驗，強烈懷疑哥哥的發展情況，真的不太對勁。在來看診之前，她已經詢問過二位不同醫生的意見，然而醫生們都告訴她，男生說話本來就比較慢，大雞晚啼，而且看他活動量不錯，會走會跑，應該「再觀

察看看就好」。

媽媽不放心，決定找第三位醫生，確認兒子是否有自閉症傾向。

早期發現自閉兒童，三歲之前是黃金時期

我在前面反覆提醒，若發現兒童語言發展遲緩，有二個疾病需要釐清，分別是「聽力障礙」與「自閉症」。要診斷兒童聽力障礙很簡單，做個聽力測驗就能知道結果，但對於自閉症的早期診斷，恐怕就沒那麼容易了。

美國兒科醫學會從二〇〇七年開始，與疾病管制局（Centers for Disease Control and Prevention, CDC）合作，推行醫師早期發現自閉兒童的一個運動，叫做「Autism A.L.A.R.M.」，而口訣中的「L」代表的英文，是「Listen to parents」，也就是聆聽家長的聲音。其實，專業的兒科醫師只要用心聆聽，基本上透過家長的描述，就可以早期發現孩子的自閉症問題。

自閉兒童的症狀，早在一歲半之前就開始出現，大部分家長在這時都會有某種直覺，感覺自己孩子「不太對勁」。完整的 Autism A.L.A.R.M. 內容，請參考下一頁的表22.1。

表 22.1
早期診斷自閉症的
「Autism A.L.A.R.M.」

項目	說明
自閉症並不少見（Autism is prevalent）	每 88 位兒童，就有一位有某種程度的自閉傾向。這些自閉傾向兒童，在其他的發展項目不一定受影響，因此容易被忽略。
聆聽家長的聲音（Listen to parents）	早期症狀在一歲半之前就可能出現，而家長通常已經感覺不對勁。若醫師懷疑孩子有自閉傾向，應主動詢問家長，通常可以得到足夠的資訊。
早期診斷（Act early）	利用良好的問卷，可早期診斷自閉兒童。目前最有名的問卷叫做 M-CHAT（詳見第 197 頁）。
轉介至專業單位（Refer）	早期診斷所帶出的優點就是可以早期治療，除了安排聽力測驗之外，最重要的步驟，是幫孩子轉介至早期療育單位。目前各縣市都設有兒童早期療育中心，提供各種早期療育所需要的資源、空間，以及專業人士。自閉兒童愈早接受治療（感覺統合，職能，遊戲，音樂藝術等），就愈有機會恢復良好的人際溝通技能，建立自信心與正常的心智發展。
追蹤（Monitor）	除了轉介到專門的單位之外，當然也要繼續追蹤孩子的其他健康狀況、經濟狀況，以及家庭支持系統等。

自我早期診斷的 M-CHAT 問卷

第三步驟「早期診斷」提到的 M-CHAT 問卷，是由二十個問題所組成，供醫師或家長早期發現孩子的心理發展問題，適合十六至三十個月大的兒童（約一．五至二．五歲），內容請見下一頁的表22.2。

正常的孩子，前面十七題的答案應該是「會」，後面三題的答案應該是「不會」，而自閉的孩子則相反，前面十七題都是否定的，後面三題是肯定的。當然，孩子不可能全然符合或全然不符，但只要爸媽對發展情況有疑慮，都應該讓專業人士觀察一下，做進一步的心理評估。

本篇一開始提到的那位媽媽，後來聽從我的建議，帶孩子去做早期療育。一年後再見面，哥哥已經可以看著我回答問題，在家也開始和妹妹打鬧玩耍，說起這段辛苦的過程，那位媽媽眼角又泛起了淚光。

我拍拍她的肩膀，安慰說：「幸好有妳這位細心的媽媽，觀察入微，孩子才沒有錯過黃金治療期。」我深深替她的孩子感到開心，也默默為他們加油。

表 22.2
M-CHAT 早期診斷問卷

題目	答案
1. 如果你用手指向房間裡的某個物體，孩子會順著你的手指轉頭看它嗎？	
2. 你的孩子會跟你玩「假裝我們在幹嘛」的遊戲嗎？	
3. 你的孩子喜歡爬上爬下嗎？	
4. 你的孩子會用手指頭指著想要的東西，請你幫忙拿取嗎？	
5. 你的孩子會用手指頭指著有趣的東西，叫你一起看嗎？	
6. 你的孩子會對其他小朋友產生興趣嗎？	
7. 你的孩子會拿好玩的東西與你分享嗎？	
8. 當你叫孩子的名字時，他會轉頭或回應嗎？	
9. 當你對孩子微笑，他會以微笑回應嗎？	
10. 你的孩子會走路嗎？	
11. 當你跟孩子說話或玩遊戲時，他的眼神會看著你嗎？	
12. 你的孩子會不會模仿你的動作？（例如：說再見）	
13. 當你轉頭看某個事物時，孩子會不會也好奇轉頭，看看是什麼？	
14. 你的孩子曾經說類似「爸爸／媽媽你看我」的話嗎？	
15. 你的孩子聽得懂你的指令嗎？	
16. 當孩子看到新的玩具，或聽到奇怪的聲音時，會轉頭看看你的反應嗎？	
17. 你的孩子喜歡在你身上跳來跳去嗎？	
18. 你曾經懷疑孩子聽力不太好嗎？	
19. 你的孩子會死盯著自己的手指頭看，而且非常靠近自己的眼睛嗎？	
20. 你的孩子會對吵雜的聲音尖叫或大哭嗎？（例如：吸塵器）	

5 CHAPTER

掌握親子溝通技巧，不體罰也能教出好規矩

在第三章，我們主要討論如何與零至三歲孩子相處，重點是培養良好的安全依附關係，規矩可以建立，但不需要太多。至於三歲以上的孩子，由於大腦已經比較穩定，這時可以慢慢教導他們，建立一些生活常規。

然而，現代家庭的困境是：陪伴孩子的時間已經夠少了，父母在僅有的陪伴時間裡，幾乎都花在罵小孩上。一天不罵小孩真的很難嗎？到底要怎樣做，才能和孩子好好溝通呢？在本章前半部，我會介紹四種良好的親子溝通方式，後半部則討論如何以科學方法，幫助孩子建立規矩。

23 善用五種說話術，減少言語衝突

「不要！」

你常聽到家裡兩、三歲的小孩這樣說話嗎？許多父母無法接受孩子突然變得愛唱反調，想用權威壓制孩子，沒想到愈壓，孩子脾氣愈拗，親子對峙，家中彷彿成了角力場。

放輕鬆，別緊張！孩子從會講話到三歲之間，常會有這種脫口而出的負面表述，我們稱之為「違拗行為（negativism）」。違拗行為的形成，是因為孩子發現「說不」是一件很威風的事！當他叫一聲「不要」，可以擁有大人才能行使的權力、改變事情的發生，以及吸引父母的注意。對幼兒來說，這遊戲既簡單又有趣，當然是要一玩再玩啊！

這段時間，孩子對不喜歡的事情說「不要」，對喜歡的事情也說「不要」。穿衣服？不要；那脫掉？也不要；去睡覺？不要；那起床？也不要。他覺得不合作比合作好玩，違拗比聽話好玩，總之，就是一整個難搞。爸媽千萬別因此灰心失望，覺得自己生了一個逆子或逆女。出現這樣的行為，是孩子正常的發展過程。

不要覺得孩子是針對你。在正常的違拗時期，孩子說「不要」的意思並不是「誰理你？」比較像是「一定要嗎？」或是「你認真的嗎？」他們正處於建立自我認知與獨立養成的階段，這大概會持續一年，父母可以輕鬆面對，有點幽默感，當作一個有趣的過程就可以了。

減少親子衝突的五種說話術

當孩子整天說「不要」時，父母也該藉機反省一下，自己是否也常使用負面言詞呢？剛才提到，孩子發現說「不要」是展現權力的象徵，那麼請問，是誰讓他產生這種連結呢？不就是……時常對孩子說「不可以」的我們嗎？

在第一章介紹成長性思維時，我舉了負面言語帶來的三個P，也就是三種錯誤思維：讓孩子覺得我很糟糕（個人化），什麼事情都做不好（廣泛化），而且永遠無法站起來（永久化）。減少負面言語，少說不可以、不行、不准、不乖，其實一點也不難。還記得第三章說過的「抓大放小」原則嗎？家長每月制定一項教養主題，全家約定好，本月只能叮嚀孩子「這一項」錯誤，其他項目先放著不管，減少傷害孩子的負面言語。

除了執行「抓大放小」原則外，接下來我要介紹的，是專家建議的五種說話術，內容分別是：指令從「不要」變成「要」、盡量出選擇題、用「喜歡」搭配「不喜歡」、事先提醒預告、容許孩子說「不」（表23.1）。

接下來我會介紹詳細做法，父母們看完後可以多練習，天天使用正面言語來取代負面言語！

原則一：

指令從「不要」變成「要」

第一招，是把指令從「不要」變成「要」。比如說，你的孩子在沙發上跳，這本來是你不允許的，但本月教養主題並不是「跳沙發」，不能對此規勸，該怎麼辦呢？

表 23.1
減少親子衝突的五種說話術

原則	錯誤說法	正確說法
指令從「不要」變成「要」	「不要」亂跑！	來，繞著爸爸／媽媽跑。
盡量出選擇題	要吃飯了，還不趕快坐下來！	今天吃飯，你想坐爸爸旁邊，還是媽媽旁邊？
用「喜歡」搭配「不喜歡」	沒吃完青菜，就不可以下來！	吃完青菜，就可以進行開心的故事書時間哦！
事先提醒預告	時間到了，回家！	還有十分鐘哦！剩五分鐘時，我會再提醒你。
容許孩子說「不」	（孩子不想穿外套）不行，快點選一件！	（孩子不想穿外套）好，那你冷了再告訴我。

讓我們把指令從「不要」變成「要」，可以對孩子說：

- 「來！到這裡跳，我跟你比賽，看誰跳得高。」
- 「走！我們去買張彈簧床，讓你開心的跳。」
- 「來！我們去公園玩，比賽跳格子！」

「好，可以，你可以跳，我們找個安全的地方跳。」這樣的表達，既可以讓孩子離開危險的沙發，也沒有使用半個負面言語。這種說話方式需要發揮一些創意，不過只要願意反覆練習，很快就能得心應手。

原則二：盡量出選擇題

「你去做某件事！」這種命令句最大的缺點，就是容易被孩子逮到機會，可以回你一句「不要」，讓氣氛因此而僵住。如果我們用一點技巧，讓孩子以為自己有選擇的權力，但結局其實掌握在父母手裡，這樣的溝通就高竿多了。

如果家長想跟孩子說：「穿個外套再出門」，不如這樣說：

．「你想穿紅色這件外套，還是藍色這件？」

．「你想外套拿在手上，還是穿在身上？」

．「你今天穿這件外套，希望搭配媽媽穿紅色的衣服，還是藍色的？」

感受到選擇題的威力了嗎？如果職場上的老闆，能使用這種說話風格，而不只是用命令句，員工們會愛戴他，甘心做牛做馬。選擇題的問句能讓人感覺，在某個框架之內，自己多少得到一些尊重，而這也是親子溝通重要的技巧之一。

原則三：用「喜歡」搭配「不喜歡」

如果被問：「你喜歡加班嗎？」多數人都不喜歡，但為了喜歡的加班費與補休，可能會願意加班。如果被問：「你喜歡出差嗎？」多數人都不喜歡，但出差若可以吃到喜歡的美食，也許勉強會願意。如果被問：「你喜歡運動嗎？」多數人都不喜歡；但若能跟喜歡的人一起運動呢？那就可以考慮一下。這道理既然大人們都懂，為什麼不把同樣的方法，應用在親子溝通上呢？

小孩有很多討厭做的事，有些不愛洗澡，有些不肯上廁所，這些在大人眼中天經地義的事，對孩子而言卻是苦差事。如果父母能把孩子討厭的事，搭配一個他喜歡的活動，久而久之，孩子就會自動去做，不需要大人每天叨念了。所以，我們可以這麼說：

- 「我在房間選好你喜歡的故事書，洗完澡就來聽故事。」
- 「每週吃一口你討厭的蔬菜，可以挑一張你喜歡的貼紙。」
- 「功課寫完，我陪你玩一場電動。」

討厭的事搭配喜歡的事一起做，感覺就沒這麼討厭了，而且效率也會變高。你可能會說：「孩子這麼小，就跟父母討價還價，將來怎麼得了？」那麼，何不正面思考一下，你的孩子這麼小就懂得跟父母談條件，長大後肯定不吃虧，是優秀的溝通人才。

但我要提醒父母，應該跟孩子說：「如果你做了這件不喜歡的事，就可以額外得到喜歡的東西。」而不是說：「如果你不做，我就剝奪你某某東西。」後面這句話，會帶給孩子更多負能量，有損親子間的安全依附關係，會讓孩子誤以為自己必須表現良好，才能換得父母的愛。

用職場來比喻，我們也喜歡長官說：「誰願意做這苦差事，老闆自己掏腰包，給他額外的獎金。」而不是說：「這件事誰不肯做，就扣他年終獎金。」既然你也討厭後面這種老闆，請引以為鑑，不要變成這種討厭的父母。

原則四：事先提醒預告

以前學生時代，我在帶小朋友的活動中，學到最重要的領導技巧，就是「事先提醒預告」。任何活動的開始和結束，若能事先提醒孩子「還有十分鐘」、「還有五分鐘」，就可以順利帶領一百位孩子，準時進行各種活動。

當孩子的情緒還在某個遊戲裡時，如果父母強勢中斷，叫他立刻上床睡覺或出門，通常會換來一陣不甘願的哀號，甚至臭臉生氣。所以請父母們記得，任何活動轉換，都要事先給予提醒與緩衝時間。因此，你可以這樣說：

- 「再過五分鐘要吃飯嘍！我會再來提醒你。」
- 「再過半小時要出門了，你的卡通看完這一集，剛好時間差不多。」
- 「你還想玩多久，告訴媽媽。十分鐘？好，那我設定鬧鐘，另外再多給你五分鐘，總共十五分鐘。」

如果時間到了，孩子還是不肯守信用，請把孩子帶離現場，讓他先脫離誘惑，冷靜下來，然後請孩子再次確認：「真的還想要玩嗎？」如果他非常想繼續，可以啊！要拿什麼來交換呢？故事時間？點心時間？卡通時間？只要你願意讓利，我就能考慮重新交易。

育兒有時真的很像職場談判，若孩子想要片面解除約定，可以啊，就看他要端什麼牛肉出來給爸媽？太廉價的可不能隨便成交。每天跟孩子玩這個，就好像真人版大富翁。換個角度想，其實非常有趣，全家人可以好好享受一番。

原則五：容許孩子說「不」

如果你碰過那種「永遠不准你提出反對意見」的上司，一定早早就想離職了。這種威權式的領導風格，只有古代皇帝能這樣搞，一般人都難以忍受。

我在前面提到，違拗時期的孩子，想藉由說「不要」二字，來提高自己的存在感。雖然我們已經學到前四種溝通技巧，增加孩子的自主權，減少他說「不要」的機會，但一定還是有些狀況，這幾招都不管用。可能你問：「寶貝，今天你想穿紅色這件外套，還是藍色這件？」結果他回：「我都不要！」

如果招數被破解，父母該怎麼辦呢？先別急著回應，可以跟孩子說：「我想一下，再回答你。」

如果孩子不穿外套，最糟的結局是什麼呢？就是會冷嘛！冷會不會感冒呢？嗯，黃瑽寧醫師之前的育兒書說，著涼跟感冒沒有直接關係。好，那就帶一件薄外套，放在包包裡，萬一孩子真的冷，再拿出來給他穿。於是你回答孩子：「好，那今天就不穿外套。」

如果你「從來」沒給過孩子決定權，這招可能會讓他嚇一跳，心想：「哇，今天我可以自己做主人耶！媽媽尊重我的想法，我長大了。」但出門之後，孩子果然冷得全身發抖，這時爸媽千萬要勒住舌頭，把那些「看吧！你活該！」之類落井下石的話，全都吞進肚裡。

為什麼呢？因為你如果這時羞辱孩子，等於是告訴他：「你就是笨，聽我的就好。」這不能幫孩子帶出成長性思維，反而賞了孩子三個P的錯誤思維。如果你忘記什麼是成長性思維，可以去複習第一章的內容。

你可以幫孩子披上外套，然後拿出手機，打開天氣預報 App 的畫面，給他看現在的氣溫：二十度。「我現在出門前，都會先看這個天氣預報 App，如果二十五度以下，一定會穿外套，不然就會感覺冷。下次你感覺冷的時候，我們來看一下當時氣溫，或許你比我厲害，二十度才覺得冷，那以後你就知道，二十度必須帶外套出門。」

生活的智慧，就是這樣一點一滴教出來的，而且這樣一來，孩子的大腦就會把「穿外套」和「感覺冷」聯想在一起，而不是和「被媽媽罵」聯想在一起。如果孩子只知道不穿外套會被媽媽罵，而下次是跟爸爸出門，因為媽媽不在，沒人罵，依然不帶外套出門，這樣就完全學不到教訓，甚是可惜。

有些事情沒得討論

至於少數不能妥協的問題，就不要問孩子的意願了。以汽車安全座椅為例，你可以直接跟孩子說：「請坐上汽車安全座椅。」而不是詢問：「要不要坐上汽車安全座椅？」問孩子要不要，表示他可以自由選擇，但有些事情沒得討論，就別讓孩子有此錯覺了。

在合適的時候，可以試著讓孩子了解，坐汽車安全座椅的必要性，但是在需要立即執行的時候，既然沒有別的選項，就別提出「要不要」這種問句。

正向對話：「七比一」是最低標準

不知你是否曾經聽過「三千萬個詞彙差異」的研究？這是一九九五年堪薩斯大學人類發展學家一個經典的研究。學者追蹤四十二戶家庭，分別為「大學教授、白領階級，以及低收入戶」三種家庭，並將家中所有說話的聲音，全部都側錄下來。孩子三歲時，他們整理三年來所蒐集到「大學教授家庭與低收入戶家庭」的內容加以分析，最後結果如下一頁的表23.2。

依研究結果，若將大學教授與低收入戶家庭，每天跟寶寶說話的詞彙數相減，乘以兩年半的時間，總共相差了三千萬個詞彙。所謂的「三千萬個詞彙差異」，或許就是導致孩子日後智能嚴重差異的主因。

日後有許多學者也複製類似的研究，證實低收入戶的孩子，只要家人提供大量的「對話性詞彙」（不是聽電子產品的說話聲），的確可以促進孩子的語言發展。在這類研究的基礎上，我更看重的是「對話內容」，你仔細看表23.2，大學教授的家庭每天對孩子的「鼓勵：責備」是六比一到七比一之間，但是低收入戶的家庭，卻是懸殊的一比二！

我大膽的假設，正向的親子對話，才能有效促進兒童大腦發展。七比一原則的說話方式，不僅讓親子間擁有更佳的安全依附關係，也給予兒童大腦土壤肥沃的養分！

表23.2
堪薩斯大學的「三千萬個詞彙差異」研究

	大學教授的孩子	低收入戶的孩子
大人每小時說話的詞彙數	2,153	616
兒童每小時平均被鼓勵次數	32 次	5 次
兒童每小時平均被責備次數	5 次	11 次
平均智商	117	79
孩子能說的詞彙數	1,116	525

我常常跟家長分享，要將「七比一原則」做為親子溝通的初期目標，也就是「每對孩子說一句負面表述的言語，要補上七句中性或正面表述的言語」。比如說，當我一時不耐煩，脫口對孩子爆氣：「你不要一直煩我啦！」這時話語既出，覆水難收。補償的方法，除了道歉之外（如果真的傷了孩子的心），就是在之後補上七句正面表述的話，稀釋掉親子之間的負能量。這七句話不需給予言不由衷的稱讚，而是跟孩子好好的說七句話，聊孩子喜歡的話題，抒發自己的感受，正常的七句話就好了，這已經是親子正向溝通的最低標準，已經不能再低了。

簡單來說，透過「指令從『不要』變成『要』、盡量出選擇題、用『喜歡』搭配『不喜歡』、事先提醒預告、容許孩子說『不』」這五個說話術，將同一件事從負面表述轉為正面表述，減少親子的衝突，是我們期望達成的目標。

透過說話術來減少言語衝突，雖然能製造表面的和諧氣氛，但想長久維持良好溝通品質，根基就在我下一篇要說明的「換位思考」，也就是同理心。

24 換位思考，同理孩子的處境

在說明換位思考之前，讓我們再次複述正向思考口訣：「孩子不是故意的、我生氣是有原因的、幫助孩子解決問題、幫助自己走出困境。」

在成人世界裡，良好的溝通來自雙方互相的換位思考。親子關係之間，尤其是面對學齡前孩子，恐怕父母對孩子的同理心，要遠遠高出期待孩子具備同理心很多。以兒童發展的進程而言，孩子在五歲前，大部分是以自我為中心的思考模式，很難建立完整的換位思考能力。因此，父母若能在這段時間，給予良好的「身教」，那麼孩子就能慢慢藉由模仿，逐步建立同理他人的能力。

當然，「孩子不是故意的」這種正向思考，並非事事替孩子脫罪，讓他犯錯都不用負責任。我只是鼓勵父母，如果看到孩子一件事做不好，或者莫名其妙發脾氣，可以先從他的角度想一想，「孩子怎麼啦？是累了？還是害怕？焦慮？挫折？」先擁有這樣的「好奇心」，才能一步步陪孩子解決問題。

挫折感，來自理想與現實的差距

如果你還不習慣這種具同理心的思考模式，可以先從一句話開始練習：「孩子的挫折感，通常來自他心目中，理想與現實的差距。」舉例來說，在孩子的理想世界中，媽媽可以隨時隨地陪著他，但現實世界並非如此，所以他感到挫折；在孩子的理想世界中，他是自由自在、隨心所欲，像超人一樣無所不能的，然而在現實世界中，他卻是軟弱、無助的。理想與現實的差距過大，所以孩子容易生氣，容易崩潰大哭。

父母如果願意以換位思考的方式，同理幼兒現實與理想的差距，他們就可以在父母的呵護中，漸漸接受這世界的規矩，慢慢穩重、成熟。

我小女兒兩歲多的時候，有天在外面的場合，畫了一張可愛的畫。她非常喜歡那幅畫，跟媽媽說想把畫帶回家。媽媽說：「好啊！」接著作勢要把紙對摺，塞進小包包裡。就在那個當下，小女兒大聲尖叫，說：「不能摺，不能摺！不要把畫給弄壞！」媽媽說：「可是這張紙太大了，不摺，就塞不進去包包裡啊！如果妳不給摺，那就帶不回家了。」女兒說：「我要帶回家！我想要放進包包裡！」然後就放聲大哭。

在大人的世界裡，這顯然是無理取鬧，但是在兩歲多的小腦袋中，這就是理想和現實的差距。在孩子的小腦袋裡，有一個不切實際的幻想，而現實卻無法滿足他，於是就感到焦慮、挫折、生氣，會大哭大叫。如果我們能站在孩子的角度換位思考，雖然父母會感覺心浮氣躁，但至少可以理解，這是暫時的發展階段，然後用孩子能理解的說話方式，一起解決問題。

那一天，我們夫妻沒有大聲責罵女兒，也沒有對她說：「回家妳就等著挨打。」老婆只是抱起了女兒，不疾不徐離開現場，並且在她耳邊說：「妳想把畫帶回家，又想放進媽媽的小皮包，我知道了，可是媽媽做不到耶！妳有點累了，媽媽抱抱妳，我們先回家吧！」

不是教孩子不害怕，而是陪他找到勇氣

除了不切實際的想法外，孩子在年幼時期，也有一些獨特（或莫名其妙）的恐懼來源。由於父母們都長大了，離童年太遠，忘記自己小時候，同樣有一些說不出口的害怕。八個月的嬰兒害怕陌生人；十一個月的嬰兒開始分離焦慮；兩歲的孩子怕打雷和大卡車；三歲的孩子怕黑，也怕電梯超重時發出的嗶嗶聲響；六歲的孩子開始擔心生病，害怕上台，害怕新聞畫面中的天災人禍（表24.1）。

當孩子害怕時，父母常會脫口而出：「這有什麼好怕的？」這句話真的非常不恰當。孩子會害怕是正常的，畢竟就連我們大人，也有害怕的人、事、物啊！愈常這樣貶低孩子，愈可能讓孩子覺得：「我就是一個膽小的人，很糟糕，沒救了。」之後碰到很多新事物，他可能也變得不願意嘗試。

孩子當然可以害怕，而且有些事情應該要害怕。父母的責任不是教孩子「不要害怕」，而是陪孩子「找到勇氣」。

我在二〇一八年設計了一套繪本，其中一本叫做《就只有這麼痛而已》。在故事中，我用「衣夾」夾皮膚的疼痛感，比喻打針時的疼痛。讀完繪本後，我送給每人一個衣夾，讓孩子們帶在身上，賦予他們面對打針疼痛時的勇氣。這麼簡單一個舉動，就減少了孩子打針的恐懼感，而且這絕不是單獨個案，是我在六間小學的臨床試驗中，用科學方法證實的結果。

原來在許多孩子心中，打針的疼痛感是個抽象的形容詞，想像力豐富的他們，恐懼感會被無限上綱的誇大，想像打針很痛，超級痛，宇宙無敵痛。但說完故事之

表 24.1
不同階段兒童
常見的焦慮來源

年齡	焦慮來源
3 歲前	巨大聲響、陌生人、與父母分離、龐然大物。
3～7 歲	想像出來的事物或情境，如：怪獸、黑暗、怪聲。
7～16 歲	害怕真實的事物，如：受傷、疾病、上台表演、死亡、天災。

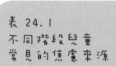

後，我會告訴孩子們：打針絕對會痛，但最多就像是被夾子夾到一樣痛；現在你可以自己試試看，感受一下夾子夾皮膚的感覺，等一下打針時，就是這麼痛。

這方法應用了「認知行為治療（Cognitive Behavioral Therapy）」的理論，讓孩子從大人的示範行為中，學會找尋勇氣的成功經驗。找尋勇氣的能力非常重要，畢竟孩子未來的人生很長，一定還會遇到讓他恐懼、害怕、焦慮的事。那時他們就會想起，父母曾經教自己「找尋勇氣」的方法，進而能挺身面對困難與挫折。

我只是還沒學會：沒有孩子會希望自己做不好

指控孩子「不用心」，這是對他最大的信心打擊。世界上根本沒有不用心的孩子，只有一直找不到適合方法學習的孩子，他是因為一直找不到方法，自信心不斷受挫，所以才選擇放棄。

我曾經家訪過一個孩子，她即將小學畢業，但因為學習障礙，始終無法學會手寫中文字。她的媽媽曾經用各種方法嚴厲管教，學校也派了資源班老師協助，甚至她的姊姊也熱心督促她念書，卻都以失敗收場。所有教過她的人都說：「這孩子就是不用心、不專心、不認真。」

我看著眼前這位十一歲的女孩，她頭低低的，不敢和我四目相對。事實上，根據後續的診斷，她其實不是不用心，而是沒人發現她罹患了「中樞聽知覺處理異常（Central Auditory Processing Disorder）」這疾病。

中樞聽知覺異常的孩子，問題不在耳朵聽力，也不在大腦智商，而是出在兩者中間傳遞訊息的「郵差」。「郵差」不工作了，孩子就會讓人感覺不用心聽，天天都魂遊象外。雖然別人都覺得她不專心、不用心、故意不想做，但只要找到治療師給予專業協助，使用適合的學習方法，至少可以慢慢進步。可惜經過這麼多年的打擊，我不禁懷疑她的自信心，究竟還剩下多少。

反觀我們的孩子，雖然沒這麼嚴重的學習障礙，但一定也有某些聽覺的弱點、視覺的弱點、運動細胞的弱點等。每個孩子都有適合自己的學習方法，只是還沒摸索出來，要是父母急著給孩子貼上「不用心」的標籤，久而久之，他就會被說服：「爸媽說得對，我就是個不用心的人。」

失去努力的動機之後，孩子原本的學習困境，就更不可能被解開了。因此，同理孩子的先天弱點，告訴他：「你不是不願意努力，只是還沒找到方法。」這就是對孩子最溫暖的換位思考，並且不會扼殺他的「成長性思維」。

由於本篇主題是「換位思考」，在此簡略談到一些孩子的學習困境與挫折。其他有關學習障礙的議題，我在第八章會做更深入、詳盡的解說。

25 控制自己的情緒，找回做父母的優雅與自信

現在大家已經學會親子溝通的兩個重點：「減少言語衝突」與「試著換位思考」。但是當孩子闖禍時，面對那第一時間的闖禍現場，要爸爸媽媽保持優雅，按捺住脾氣不吼叫，實在是太困難了。

我彷彿已經聽到父母們的心聲：「黃醫師，你一直叫我同理孩子的情緒，可是我也快要崩潰了，請問誰來同理我呢？」大家的心聲我都有聽到，在這一篇讓我們一起「互相同理」，對自己好一些，找回優雅與自信，不再成為失控的大吼爸與大吼媽！

顏色加上物體的冥想，有效平靜情緒

睡眠不足的你，犧牲睡眠替孩子精心煮了一頓午餐，怎知孩子不僅不領情，還在餐桌上大發脾氣不肯吃，然後一巴掌把碗打翻在地上。

你氣瘋了。這時如果扯開嗓子大罵，相信什麼難聽的話都可能罵出口，但總不能天天

失控吧！這樣真的太不優雅了。在生氣的當下，不妨來做個冥想訓練，澆熄你腦中的怒火，這個方法叫做「顏色加上物體的冥想」。

當孩子闖禍時，父母請先把目光轉移到孩子以外的地方，觀察四周，看到什麼物體，心中默唸那物體的名字與它的顏色，舉例來說：

- 「菱格紋的手提包，千鳥紋的大衣外套。」
- 「白色的天花板，棕色的地毯。」
- 「紅色的沙發，綠色的盆栽。」

如果你曾經嘗試用「從一數到十」這方法來冷靜，將會發現「顏色加上物體的冥想」，會比從一數到十更有效。顏色是抽象的名詞，物體是具體的名詞，當你默唸顏色加上物體時，大腦會動用很多的區塊思考，直到你的情緒中樞（即所謂的「杏仁核」）被轉移注意力，最後情緒穩定下來。當然，這方法並沒有解決問題，只是讓自己冷靜的第一步，使你從暴怒的情緒中暫時抽離，如此而已。

探究引燃自己爆氣的癥結點

等你冷靜下來之後，再回頭看做錯事的小孩，以及滿地的飯菜，這時你沒有大吼大叫，可以簡單的告訴孩子：「我生氣了。」然後一邊收拾殘局，默默的問自己：「我到底是為何而氣？」像是這樣：

- 「我生氣，是因為每天都睡不飽，全身痠痛，我好疲憊。」
- 「我生氣，是因為婆婆常嫌孩子瘦小，說他營養不良，我覺得自己很失敗。」
- 「我生氣，是因為家事全是我處理，老公都不聞不問，我好孤單。」

「生氣」是一個非常表面的情緒，背後可以挖掘出許多深層情緒：因疲憊而生氣、因孤單而生氣、因自責而生氣等。然而，這些疲憊、孤單或自責的情緒，透過怒斥轉嫁於孩子身上，對問題有幫助嗎？對孩子們公平嗎？我想答案都是否定的。

既然這些深層的壓力，無法藉由對孩子大聲怒吼而有效解決，不如收起脾氣，等晚上夫妻談心時，一起想出好辦法，幫助自己走出困境。

傾聽也是一種療癒

有時夫妻之所以生氣，是因為既定的事實無法改變，比如：工作的壓力、經濟的壓力、婆媳關係帶來的家庭壓力等。若遇到這種情形，既然暫時討論不出解決辦法，至少另一半可以成為好的傾聽者，什麼話都不必說。

男性的大腦，常想要立刻解決女性的問題。他們覺得老婆在抱怨，就是身為男人的挫敗，因此有時等不及另一半說完話，就急著出主意：「妳就應該這樣做，就應該那樣做，我早就說過了，這件事是可以解決的，妳當初就猶豫不決……。」才說到一半，老婆就已經生氣了：「所以你的意思是，這一切痛苦都是我自找的，是吧？我就是笨，就是傻，自作孽，活該！」

當然，如果問題可以解決，那當然很好。但千萬不要忘了，許多媽媽只是需要被傾聽，而被傾聽的本身，就是一種療癒。牽著手聽對方抱怨，按摩另一半的肩膀，當一個不會頂嘴的情緒垃圾筒。先生聽到太太口裡說：「都是你害我！」其實她是在傾訴：「我真的感到很挫折。」而太太聽到先生說：「妳是在抱怨什麼？」別把這話當作不體貼，其實他是在說：「我壓力好大，我也不知道該怎麼辦。」

我們都是新手父母，生活在這瞬息萬變的時代，對現在生活不滿足，對未來生活感到焦慮，是婚姻必經之路。因此，在本書的最後一章，我會特別介紹如何經營夫妻關係。

給自己創造獨處的時光

我還記得在結婚頭幾年，孩子的爺爺和奶奶（也就是我爸媽），每週末都會邀我們夫妻和孫子女，回老家聚餐聊天。有一天，老婆很為難的跟我說，希望我能轉達公婆，週末由我帶孩子回老家就好，讓她一個人在家休息。乍聽到這請求，我的背脊忽然涼了起來，心想：「慘了！每個男人的夢魘『婆媳關係難題』，莫非要開始折磨我的婚姻乎？」

然而，老婆接下來所說的理由，卻十分合情合理。她說：「最近我常常對你、對孩子發脾氣，我覺得問題出在我需要一點獨處的時間，能夠暫時把壓力卸下，尤其是吃飯時間。現在的日子是每週七天，一天三餐，二十一餐都和小孩一起吃飯，從準備、餵食、收拾到清理，真的讓我心力交瘁。所以我想請你帶孩子回公婆家，好讓我每個禮拜有一個晚上，可以單獨一個人不被打擾，安安靜靜的吃頓飯，看個電視，這樣就很幸福了。」

我毫不猶豫就答應了。

要沉澱自己，重新找回優雅，其實有很多不同的方法，需求也因人而異。有些媽媽需要的是獨處時間；有些媽媽希望擁有單獨約會時間；有些媽媽覺得家事太多，夫妻需要重新分工，或者花錢請幫手。當然，不只是媽媽，爸爸也有其需求，需要妻子一起同理，共同分擔。我個人認為，在孩子三歲之前，能用錢解決的事，都沒什麼好省的。如果省錢省出心病來，不僅全家難受，連優雅與自信也都蕩然無存，實在得不償失。

告訴自己：我是一個好媽媽／好爸爸

沒有自信的父母，很容易會把自己的挫折感，轉化成暴怒、生氣、怨懟的情緒，進而傷害身邊的人。所以，我們一定要找回身為父母的自信心，能對抗他人負面評價的眼光，並正面的告訴自己：「我是一個好媽媽／好爸爸。」

不過，如果只是自我催眠「我很好、我很棒」，這樣做只是阿Q精神，對找回自信沒什麼實質的幫助。另外還有些父母，把小孩拿來跟其他人比較，「至少我的孩子比某某某表現好。」把孩子當作好爸媽的成績單，這樣更不可取。

想建立好媽媽／好爸爸的自信，你可以這樣做：發生一件開心的事↓我做了什麼努力，讓這件好事發生↓我的努力，凸顯我哪一項人格特質（圖25.1）。

有一天，我兒子在球場上練習投籃，連續二十顆都投不進，但是屢敗屢戰，愈挫愈勇，最後一顆終於成功進籃，太棒了！現在「發生一件開心的事」，因此我決定讓自己趕快想一想：「我做了什麼努力，讓這件好事發生？」

我的努力，是今天放下工作，擠出時間陪伴孩子；我的努力，是當孩子屢投不進時，我按捺著情緒，沒有露出失望的表情；我的努力，是絞盡腦汁用各種不同的比喻，讓孩子找到投籃的訣竅；我的努力，是投進的那一剎那，跟著孩子一同歡呼，而且答應每週陪他來練習。

圖 25.1
好媽媽／好爸爸
讚美自己三部曲

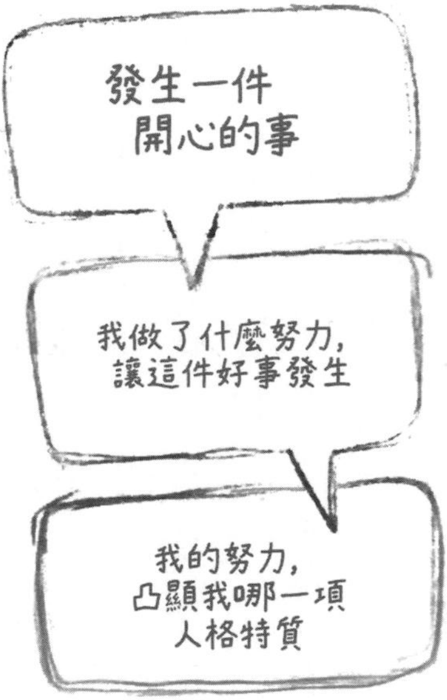

光是稱讚自己的努力還不夠，而且請大家一定要清楚明白，努力並不等於成功。如果下次我一樣努力陪伴孩子，他卻沒獲得任何成果，難道我就不是好爸爸了嗎？當然不是。所以，下一個問題是：「我的努力，凸顯我哪一項人格特質？」

我願意放下工作陪孩子，代表我是個優先順序分明的人；在孩子失敗時沒發脾氣，代表我情緒控制佳；努力找出孩子聽得懂的方式，教導投籃技巧，代表我是具有換位思考能力、有同理心的人；答應每週陪孩子練習，並且說到做到，代表我是有誠信的人。

在好事發生的最後，我凸顯自己擁有這些特質：愛家、理智、有同理心、誠信，所以我是「好爸爸」。這樣一來，下次就算我兒子考試成績不及格，投籃投一百顆都落空，我依然是個好爸爸，因為那些品格，會繼續帶動我的努力。

你也可以透過這樣的「讚美自己三部曲」，建立起身為好爸爸／好媽媽的自信心。

父母絕對不要把孩子的成就，當作自己的成績單

請注意：絕對、絕對不可以把孩子的成就，當作自己的「父母成績單」。拿孩子的成就，往自己臉上貼金的父母，不僅永遠優雅不起來，自信心也會跟孩子的失敗一起陪葬，最後注定走向親子關係的墳墓！

你如果把孩子的成就，當作自己的成績單，你的孩子只有二條路可走：第一條路，是

達不到父母的要求，於是自暴自棄，自憐一生；第二條路，是達到父母的要求，功成名就，但與父母感情疏離，或是相敬如冰。

舉例來說，美國網球名將阿格西（Andre Agassi），他的父親把孩子的網球能力，當作自己的成績單，並且用斯巴達式教育，逼著他們兄弟姊妹練球。最後，他的哥哥和姊姊走上第一條路，以自暴自棄收場；阿格西看似幸運，走上了第二條路，但功成名就之後，他寫了一本自傳，現在所有人都知道他父親有多惡劣，他們的親子關係也形同陌路。

老實說，這兩個結局，我都不想要。那麼，各位父母呢？

26 做出正確行動，陪孩子處理情緒

經過減少言語衝突的訓練，努力培養換位思考，並且找回父母的優雅與自信後，接下來讓我們「做出正確行動」。

行動口訣：一抱二問三離開，我受不了啦謝謝你

首先讓我們來模擬一下，你的小孩在公共場合失控，大聲尖叫，然後亂打人的場景。這時候該怎麼辦呢？有一句口訣，請大家唸一遍：「一抱二問三離開，我受不了啦謝謝你。」（圖26.1）下面分別說明各項行動。

一抱

當孩子情緒上來時，先不論對錯，給他一些安慰吧！若是你手上閒著，先蹲下來抱抱孩子，或拍拍他的肩膀，給他一點支持。如果你正忙得走不開，也可以口頭跟孩子說：

圖 26.1
減少衝突，處理情緒五口訣

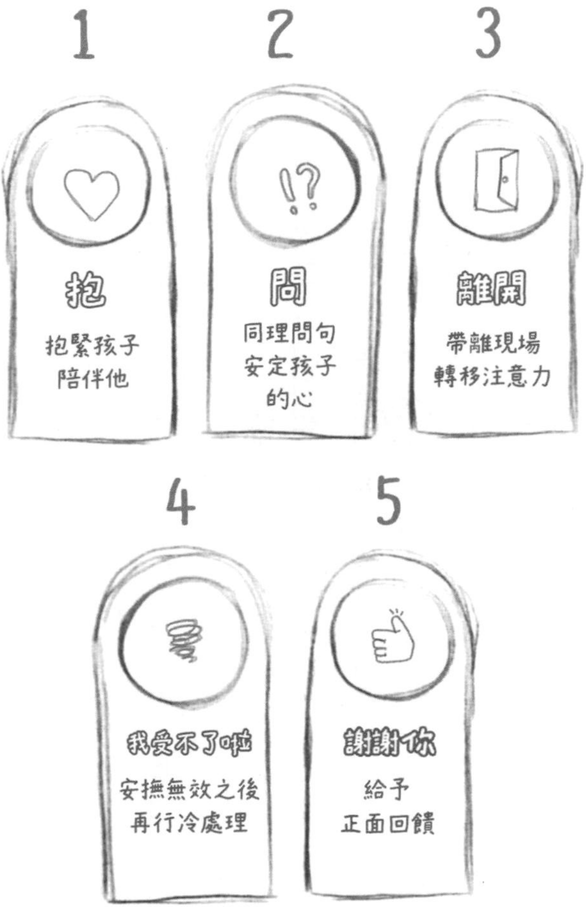

「媽媽／爸爸現在沒辦法安慰你。我知道你很難過，等我一下，不好意思哦！」總之，不要假裝沒聽到，「不要理他，讓他哭一下，自己就會停了。」這是錯誤處理方式。

如果孩子情緒仍非常失控，甚至出現攻擊他人的行為，可以用力將他抱緊。抱緊孩子的時候，請在他耳邊說：「我在這裡陪你，不害怕！」

二問

第一步先抱孩子並安慰他，第二步再好奇的問：「發生什麼事了？」「你因為沒有玩到玩具，所以生氣嗎？」「你因為肚子餓而生氣嗎？」「你覺得他搶你東西，心裡很生氣嗎？」同理的過程，就能帶來療癒。父母要記得，把說話速度放慢，情緒不要過於激動，讓孩子在你懷裡感到心安。

這樣做並不代表孩子都是對的，而是不要先替孩子的行為貼上標籤，立刻下定論說：「你打人就是不對！」「我看到是你先動手的！」「那是別人的玩具！」這些大道理，應該等情緒過去之後再來討論。在第一時間，父母的身分是心理輔導師，而不是要判斷誰是誰非的法官。你家小孩在現場若有傷到其他孩子，請先跟對方家長道歉，但不要當面處罰自己孩子給別人看，就算要處罰，也是等情緒冷靜之後的事。關於處罰的議題，我會在下一篇做詳細的介紹。

三離開

一抱二問之後，如果孩子的情緒仍無法冷靜（像是還在尖叫），那麼只好先帶離現場，或是轉移孩子的注意力。有些寶寶年紀太小，怎麼哄都停不下來，但只要離開現場，遠離傷心地，通常就會停止哭泣。

離開現場，也是一種讓孩子學習「抉擇」的過程。比如說，在去百貨公司之前，先跟孩子約法三章，今天不買玩具。但到了現場，孩子突然反悔，在地上打滾。這時候，先把孩子抱起來（一抱），再告訴他：「我知道你很喜歡這個玩具，可是我們約好今天不買的（二問）。」如果還是無法溝通，就直接把他帶回家（三離開）。這種果決的離開，會讓孩子慢慢理解到，這是一種抉擇：「接受父母的善意，就可以多玩多看；如果拒絕父母的善意，就會被帶離開回家。」

四我受不了啦

一抱二問三離開，如果孩子已經帶離現場，還是止不住尖叫與哭泣，這時，大人可以誠實告訴孩子：「我受不了啦！」

根據研究，任何成年人在嬰幼兒的哭聲中，平均忍受時間約莫十五分鐘。超過十五分鐘，心跳血壓就會開始不聽使喚，理智線會斷，情緒會失控。在孩子面前，誠實表達自己的情緒，這也是一件很重要的事。

父母可以這樣告訴孩子：「你的哭聲太大，我受不了啦！」說完之後離開現場，進入冷處理的步驟。

冷處理是在安撫無效之後才執行，而不是在哭泣的第一時間這樣做。

冷處理的做法，可以是離開房間（但別關門啊！請把孩子放在安全的環境），可以是拿耳塞塞住耳朵，也可以是戴上耳機聽音樂……父母可以用各種方式，讓自己的情緒冷靜下來。

離開現場時，請在內心整理事件的來龍去脈，思考哪些部分是你可以改進的，以避免下次再發生同樣的事。

五謝謝你

如果孩子停止哭泣，或是邊哭邊跑來找你，可以再給他一些安撫，但如果又繼續大叫，只好再度表達：「我真的受不了啦！對不起，我的耳朵很不舒服。」然後再離開。當孩子真正恢復理智時，請立刻給予正面的回饋：「謝謝你！」

父母請注意，「謝謝你」這三個字，千萬、千萬要記得說！因為這是回應孩子善意的行動，將使你們的親子關係更堅固、更和睦。

不要想操控孩子，你唯一能掌控的只有自己

這幾年阿德勒心理學派正夯，該學派有個重要心法，就是：「不要想操控別人，你唯一能掌控的，只有自己。」許多父母碰到孩子情緒失控，一直想要操控他：「你停下來！你不要哭！你好好講話！給你吃糖果！給你看卡通！」這都會帶來不良的教養苦果。要是父母真的被孩子的情緒所綁架，生活也就全毀了。

不要想操控孩子，對於情緒失控這種事，與其對他說：「你該如何如何。」更直接的方式，是告訴他：「我的感受如何。」讓孩子自己決定下一步該怎麼做。

父母誠實告訴孩子自己的感受：「我受不了，我生氣了，我難過了。」而當孩子恢復理智，停止哭鬧，回過頭來跟你示好，要表達感謝：「謝謝你願意理解我的感受，謝謝你在乎我。」我認為這是親子衝突後，最重要的一句話。

剛才提到，父母在冷靜情緒時，可以思考、整理一下這次大暴走事件，並且與孩子「一起討論」，是哪個環節出了問題，研究下次該怎麼做會更好。

有關父母的部分，可以反省自己：是否時間的安排可以更好，不要在孩子睡午覺的時候出門；遊戲的環境能避開某種危險，一起玩的孩子將來要篩選……有很多步驟可以調整與最佳化。

至於孩子的部分，等孩子情緒穩定之後，父母可以再次還原現場，把整個衝突的過程

描述一遍。接著聽聽孩子看事件的角度，他可能會說：「某某某踢我，因為他插隊，我不讓，所以他就踢我，然後我就咬他。」啊！原來如此，所以孩子失控是有原因的，那下次他能怎麼做呢？

你也許可以這樣建議：「下次若有人再插隊，你可以試試看大聲喊：『不要插隊！』讓大家都聽到嗎？或者直接請我來處理？或者告訴老師？你可以選一個方法，試試看有沒有效。如果沒有效，我們再來想新的辦法。」

陪孩子找到生氣的舒壓方式

其實孩子的失控行為，比如：打人、咬人、踢人、尖叫等，這些行為都是生物情緒反擊的本能，父母對此無須太過擔憂。如果害怕孩子現在打人，將來會成為罪犯，實在有點杞人憂天。父母在同理孩子情緒的同時，更重要的是幫他想一想，還有沒有其他生氣的表達方式。

生氣可以，但咬人不太好。下次生氣的時候，可以試試看跺腳嗎？如果跺腳不夠，可以打出氣玩偶嗎？要是打出氣玩偶還不夠，可以來拿「冷靜瓶」搖一搖？有很多父母知道怎麼做冷靜瓶，對某些孩子來說，搖一搖冷靜瓶還滿舒壓的。但平常要把冷靜瓶收起來，只有在生氣時可以拿出來搖。準備一些材料，你也可以自己做出冷靜瓶。

自製搖搖冷靜瓶

【材料】

1 **同色系亮片**：大部分同色系，另外準備一、二款星星或造型特殊的大亮片，加幾個在瓶內，可以讓孩子用眼睛找尋，萬點星叢中的主角亮片。

2 **透明膠水**：與溫水混合，調整亮片的流速。

3 **強力膠**：黏著瓶蓋用，以免孩子把瓶子打開，弄得到處都是。

4 **透明塑膠瓶子**：用來做小的冷靜瓶，方便攜帶出門用。

【做法】

1

溫水與膠水的比例約七比三，大約裝瓶子的七分滿就好。用溫水會讓膠水較快溶解。

2

依照個人喜好，把大小亮片加到瓶子裡。

3

蓋上瓶蓋，試試看流速快慢。覺得流速太快就再加膠水；覺得流速太慢則再加溫水。之後用強力膠將瓶口封死。

至於哪個舒壓方法有效？由於每個孩子個性不同，並不能從一而論。重點是父母要跟孩子在事後討論，生氣時該怎麼舒壓。藉由討論的過程，找出一個孩子覺得不錯，你也認為有效的方法，這才是最理想的育兒精神。這樣做的同時，你也一步步完成正向思考中的「幫助孩子解決問題」。

到這裡為止，我們成功學會了親子溝通的四個方式：減少言語衝突、試著換位思考、控制父母情緒、做出正確行動。

藉由這些方法，我們也實際操作了正向思考的教養原則：「孩子不是故意的、我生氣是有原因的、幫助孩子解決問題、幫助自己走出困境。」在這樣的改變下，不僅父母暴怒的機率大大降低，連孩子暴怒的機會也減少了大半，幾乎用不上什麼處罰的招數。

處罰帶來的是恐懼，而在親子關係裡，最不需要的就是恐懼，所以處罰小孩，永遠是教養方法的最後一招。但在某些時刻，為了不讓孩子傷害別人，父母還是必須訂一些家規，列出明確的罰則。因此我們在下一篇，就來討論「處罰」這件事。

27 不體罰，然後呢？LATER方法五步驟，為孩子建立規矩

你還在體罰孩子嗎？我就不拐彎抹角，開門見山的先說結論：「體罰並非不可以，但肯定是最懶惰的教養方式。」

體罰研究怎麼說？

二〇一〇年，美國《兒科醫學》（*Pediatrics*）雜誌有一篇重要的研究。杜蘭大學的研究者，追蹤二千多名孩子長達七年，得出以下結論：孩子三歲之前，如果每個月被打兩次屁股，長大以後，其攻擊行為會增加五〇%。我們要知道，美國人體罰是不用「武器」的，不像華人父母拿衣架、竹條，這樣的體罰行為在美國是要通報兒童虐待的。

當然，反證也是有。美國杜克大學博士肯尼斯・多奇（Kenneth Dodge），就提出多項研究反擊。他追蹤黑人社區的教養方式，發現父母就算使用體罰，統計上都不太會顯著增加攻擊行為。由於這項研究結果有些「政治不正確」，當時報紙還稱此研究為「打到爽

研究（all you can beat）」，嘲諷意味十分濃厚。

之所以會有這二種截然不同的結果，其實理由很簡單，因為在白人的家庭氛圍中，打小孩並不是常見的事，因此當父母打小孩的時候，都是在氣到失控的狀態下。他們面目猙獰，口出惡言，孩子因此感到巨大的恐懼與心靈的傷害。但黑人社區的情況，和以前華人家庭比較類似，體罰是家常便飯，孩子被打的時候，牙一咬，疼痛就過去了。而且不只自己被打，兄弟姊妹和同學都被體罰過，心裡就稍微釋懷，覺得爸媽也沒有特別不愛他，心靈比較不會那麼受傷。所以，如果你覺得孩子需要體罰，請記得這三個前提：

1. 體罰時，父母不可以帶著情緒，也不可以面目猙獰。
2. 孩子所處的文化環境，體罰是家常便飯。
3. 體罰過後，要跟孩子修復關係。

如果這三點都做得到，或許——只是或許——體罰對孩子的心理健康，沒有太大的影響。但是，有哪對父母能保證，每次體罰都能心平氣和？確定不會面目猙獰？能保證孩子在別人口中，不會聽到對體罰負面的評價？我不敢保證，所以很少體罰孩子。就算真的使用，我也一定會努力做到上述三點，避免讓孩子以為我在施行傷害。

恐嚇式教養只有短期效果，長期下來終會失效

很多家長因為不能體罰，所以把棍子收了起來，但那張嘴更厲害，罵起人來可能傷害更大。父母恐嚇孩子的文化，歷史可悠久的呢！連兒歌都在恐嚇孩子，要趕快乖乖睡，不然虎姑婆會來咬小指頭……這到底是什麼跟什麼啊？我實在不能理解。更不用說在現實生活中，家長抬出各種權威人士來壯大聲勢：不乖，要找警察來抓你；不乖，要叫醫生來打針；不乖，要請老師帶你回家；不乖，要把你趕出家門……總之就是先嚇嚇孩子再說，合不合理並不重要。

恐嚇式教養可以帶來短期效果，這點我承認；但是長期使用，只會愈來愈沒效。史丹佛大學教授喬納森．弗里曼（Jonathan Freedman），曾經做過一個很有名的研究。他在一個大房間裡，放了一個機器人，然後跟小朋友說：「我待會兒離開這房間，誰敢碰這個機器人，去玩它，我就打斷他的狗腿！」然後他就出去了。在弗里曼離開的時間裡，小孩因為害怕被懲罰，很少人敢去碰那個漂亮的機器人，恐嚇式教養確實得到了短期效果。

在事情結束後六週，這些小孩又回到同一個房間，發現漂亮的機器人還在桌上，左顧右盼，欸，大人都不在呢！雖然大家還記得上次被恐嚇過，但反正那個人不在，因此在自由活動時間中，有七七%的小孩都去摸了機器人。

但是另外一個做法，就帶出不一樣的結局。孩子第一次看到機器人時，研究者告訴孩

子一個「不碰它的理由」，比如說，這玩具要送給生病的孩子，希望它能保持完整云云，總之就是花點時間與口舌，賦予這規矩一個合理的解釋。

六週之後，這些孩子又回到同一個房間，教養的差異點就浮現出來了。雖然沒有大人在側，在自由活動時間中，僅有三三%的孩子去摸這個機器人，這種鼓勵式、勸導式、品格式的教育，讓願意遵守規定的孩子，增加了將近三倍。

這兩種做法，哪一個比較有長遠的效果，我想已經有明確的答案了。

偏挑食研究，證實人會對恐嚇麻痺

再舉一個跟偏挑食相關的研究，它也證明了，凶巴巴的逼孩子把飯吃完，一開始的確會讓孩子乖乖就範，長遠也是愈來愈沒用。

在學校的食堂，研究者讓一群孩子喝一碗湯，並且請一位凶巴巴的校長扮演恐嚇者。校長威風的站在台前，大聲警告所有小孩：「把你們的湯給我喝光！」一連警告五次之後，由研究者去測量孩子喝湯的毫升數。

如果不去分類，整體而言，學生喝湯的毫升數，在校長警告後，的確增加不少。但仔細分析就發現，其中有兩群截然不同的數據。其中一群孩子，因為在家裡吃飯氣氛愉快，平常吃飯從沒被警告過，被校長一吼，嚇得把湯喝光光，增加五倍以上的攝取量！

但是另一組孩子，平常在家裡，就習慣被爸媽逼著吃完飯，餐桌氣氛很差，常被威脅、恫嚇。校長站在台前一吼，他們卻一點也不害怕：「在家裡我已經習慣了，校長要殺要剮，悉聽尊便，我就是不喝，你能奈我何？」統計下來，這些孩子只多喝了十五毫升左右的湯，前後看不出攝取量的差異。

不僅如此，經過校長這麼恐嚇之後，多出了一倍的孩子，開始討厭這種湯品。之後學校的伙食更難處理了，每次煮這一種湯，就會剩下一大堆，沒人願意喝。

親子互動就像談戀愛，強摘的果子不甜，強迫而來的乖順並不真誠，因此體罰與恐嚇式教養，家長還是少用為妙。但是，如果父母選擇不體罰、不恐嚇，當孩子犯錯的時候，應該怎麼教呢？讓我們看看接下來這個方法。

LATER 方法的使用原則與步驟

不體罰，我們使用的是「LATER 方法」。不過在介紹這個方法之前，我先說明四個使用原則：

1. 首犯不追究，沒有說明過的規矩，就不能處罰。
2. 訂規矩必須符合年齡。

3. 遵循「POWER 五字訣」中的「抓大放小」原則，每個月可進行處罰的事項，理論上只有一至二項。

4. 處罰方式要與孩子達成共識，並且具一致性，不可朝令夕改，隨父母當天心情任意改變。

萬事俱備，在犯規事件的當下，父母確定該出手時，就運用 LATER 方法，這五個英文字母分別代表離開、確認、處罰、擁抱、反思（圖 27.1）。

首先是「離開」，帶孩子脫離事件現場。這是指如果孩子正在搗蛋，甚至已經闖了禍，父母直接執行「抱離現場」這個動作。沒有離開現場的話，後面的確認與處罰都很難進行，因為孩子的情緒很容易再度被挑起。

接著是「確認」，讓孩子知道自己的問題所在。孩子可能生氣的問：「為什麼把我帶走？」這時反問他：「你知道你剛才做了什麼事／說了什麼話嗎？提示一下，是我們這個月約定好的規矩哦！」

孩子回答：「玩玩具要排隊，不能用搶的。」你接著說：「很棒哦！寶貝，你果然還記得。是因為太想、太想、超級想玩，所以沒看到旁邊有人在排隊嗎？」若父母能同理孩子的動機，相信他不是故意的，這樣孩子雖然犯了錯，也不至於感到被羞辱。

圖 27.1
LATER 方法五步驟

步驟	重點
L：離開	帶孩子脫離事件現場
A：確認	讓孩子知道自己的問題所在
T：處罰	執行事先約定好的罰則
E：擁抱	給孩子一個溫暖的擁抱
R：反思	思考規矩是否太困難，需要降低標準

第三是「處罰」，執行事先約定好的罰則。舉例來說，可能是「先冷靜罰站三分鐘，然後去跟人道歉」，也有家長使用罰坐、罰勞務、罰零用錢等。但不論是哪一種處罰，都要事先講好，並且具一致性。

一般來說，不管是罰站或罰坐，時間都不用太長。有人認為幾歲的孩子，就罰站幾分鐘，我覺得滿合理的，不用浪費孩子的生命在這種事上。請父母注意，罰站的目的不是讓孩子害怕，只是要給他一個制約，知道犯下本月主題時，時間會立刻被凍結暫停（time-out），如此而已。

再來是「擁抱」，給孩子一個簡單的擁抱。當處罰時間到了，請去抱抱孩子，讓他知道，爸媽沒有在生他的氣了，還是愛他的。

最後一步是「反思」，思考規矩是否太困難。問孩子：「玩玩具的時候，記得排隊，不要用搶的，會不會對你太困難？要不要改得簡單一點？」如果孩子覺得規矩沒問題，那就繼續維持；若孩子表示太困難，可以把門檻下修。

在 LATER 方法中，反思是最重要的收尾步驟。有時爸媽可能會制定不合適的家規，超過孩子年齡的能力所及，以致天天都在懲罰孩子。如果有這樣的情形，就應該考慮降低標準，而不是死咬著規矩不放。

父母可以發揮創意，將 LATER 方法五個步驟：離開→確認→處罰→擁抱→反思，發揮得淋漓盡致。透過每月一至二個主題，不斷調整、修正，你的孩子保證情緒會愈來愈穩定，言語行為也將愈來愈成熟。

公開讚美孩子的良好特質

當孩子做對事情時，父母絕對不要吝惜稱讚他，但不能只說「你好棒」這種空泛的讚美。請記得，我們希望帶給孩子成長性思維，而非定型化思維。讚美孩子很棒、很帥，就是典型的定型化思維，會讓他覺得：「我現在這樣，已經夠好了。」容易因此衍生出自戀的性格。

還記得第一章中，我曾經提到「正確稱讚孩子三部曲」嗎？沒錯，在這裡我們複習一下步驟：孩子做了一件令人開心的事情↓孩子，你的努力我看見了↓爸爸／媽媽覺得你是一個有——特質的孩子。依事情↓努力↓特質的順序稱讚（圖27.2）。

除了讚美之外，還有很多方法可以讚賞孩子。比如說，量身訂做一個獎品給孩子：設計一個獎狀，上面寫著「最有耐心獎」；有些家長則會利用集點的方式，讓孩子換取更大的獎品。

我也喜歡用一招，就是公開的讚美，在別人面前，輕描淡寫敘述孩子曾經做過的貼心事，但不刻意誇大其詞，讓孩子真正相信，在父母的眼中，他是有某種良好特質的！

圖 27.2
正確稱讚孩子三部曲

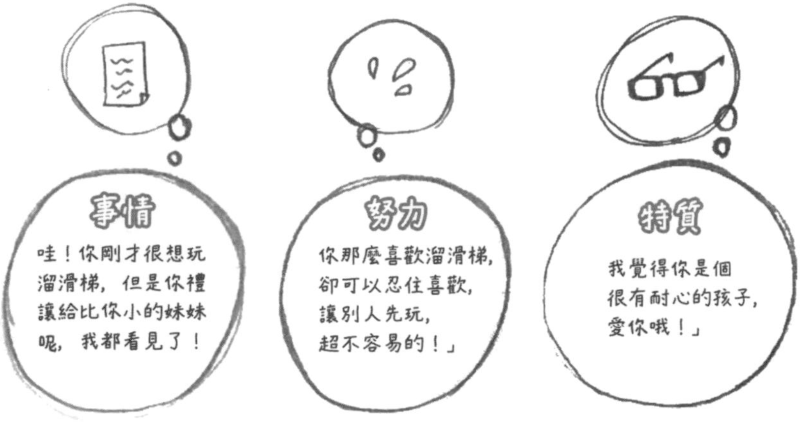

事情
哇！你剛才很想玩溜滑梯，但是你禮讓給比你小的妹妹呢，我都看見了！
努力
你那麼喜歡溜滑梯，卻可以忍住喜歡，讓別人先玩，超不容易的！」
特質
我覺得你是個很有耐心的孩子，愛你哦！」

孩子嚴重的錯誤行為，可以體罰嗎？

很多父母一定想問：「黃醫師，那麼在使用 LATER 方法的『處罰』步驟時，若是極端嚴重的錯誤行為，可以使用體罰嗎？」正如我一開始說的，體罰並非絕對的錯誤，如果父母體罰時可以不帶情緒，不面目猙獰，周遭文化環境也接受輕度的體罰，那偶爾為之是可以的。

要使用體罰，原則也是一樣：初犯不體罰、講好規矩、抓大放小、具一致性。

如果孩子犯這個錯誤是很危

險的（例如：闖馬路、爬窗戶等），是可以在「處罰」步驟，用「愛的小手」略施薄懲。體罰時請不要用徒手打屁股、打臉、打頭，更不可在孩子無預警之下體罰。父母的手是拿來擁抱的，如果徒手打小孩，將來你伸出手，孩子會不知道你是要抱他，還是要打他，依附感會產生錯亂。

有時候我在公共場合看到某些媽媽，孩子不過是好奇亂跑，她們竟隨手一抓，就一巴掌打在孩子的屁股上，然後口裡咕噥一句：「你不乖。」這就是世上「最懶惰的教養」。在兒科急診，只要看到兒童在爸媽把手舉起時，出現欲拒還迎的舉動，我就知道這些家長常用手打孩子，而且已經造成孩子的陰影。面對這種案例，都要仔細檢查身體有無其他傷口，並且考慮通報家庭暴力中心。

回到處罰這件事。假設本月主題是「爬窗戶」，而且跟孩子約定好，處罰是「冷靜五分鐘」，如果孩子真的犯了錯，請務必執行之前議定的罰則。（圖27.3）。

不過像「爬窗戶」這種危險的行為，父母最好的反思是「反省自己」。為什麼孩子都已經一歲了，還不上網買個安全窗戶鎖？為什麼不買個安全抽屜鎖，把剪刀等危險物品收起來？為什麼不買個兒童安全門，讓孩子進不去廚房？我們不要老是反省孩子，而是多反省自己吧！

圖 27.3
孩子犯錯 LATER 五字訣

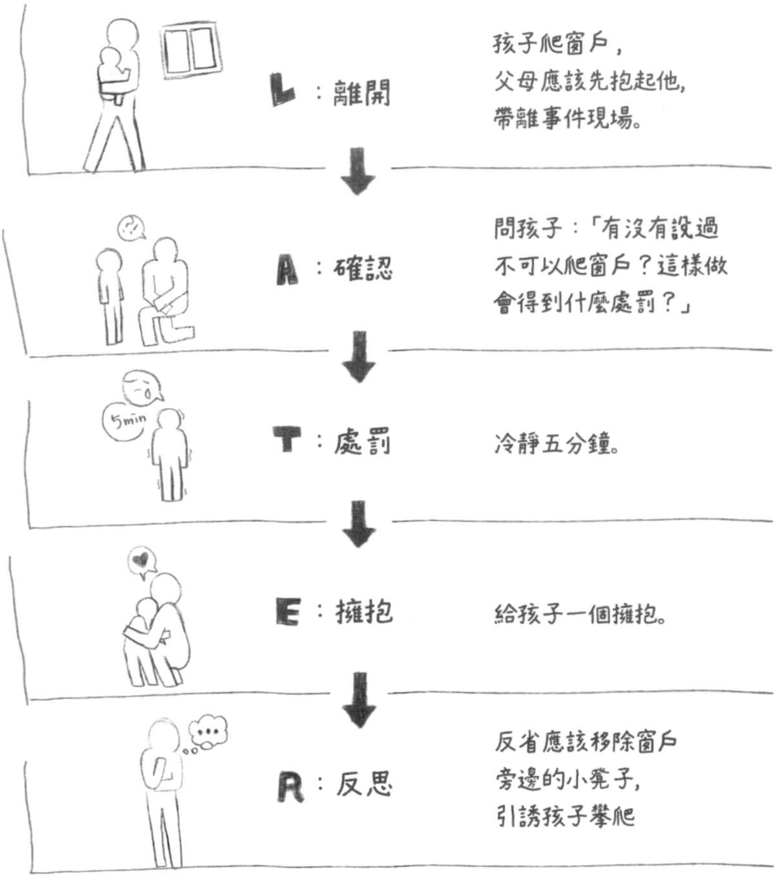
L：離開
孩子爬窗戶，
父母應該先抱起他，
帶離事件現場。
A：確認
問孩子：「有沒有說過
不可以爬窗戶？這樣做
會得到什麼處罰？」
5min
T：處罰
冷靜五分鐘。
E：擁抱
給孩子一個擁抱。
R：反思
反省應該移除窗戶
旁邊的小凳子，
引誘孩子攀爬

其實，很多的居家事故傷害，都是家長可以事先避免的，別等遺憾的事情發生，才來後悔莫及。有關居家安全的執行細節，可以參考我之前的健康育兒書《輕鬆當爸媽，孩子更健康》。

28 獎勵誠實，比懲罰說謊更有效

二〇一四年，多倫多大學的華裔心理學家李光（Kang Lee），曾經做了一個很有趣的研究，在 TED Talk 上可以看到他的演講。

研究內容是這樣的：桌子上放了一張卡片，上面寫了一組數字號碼，正面朝下覆蓋著。研究者告訴孩子，這是一個猜數字比賽，贏了可以獲得一個大獎。講解遊戲規則之後，研究者假裝要去上廁所，並在離開前諄諄告誡小朋友：「不可以偷看卡片哦！」然後就出去了。想當然耳，小朋友們在大人一離開房間之後，幾乎立刻就翻開卡片偷看。

不久後，研究者回來了，他說：「我們先來講一個故事，再繼續遊戲吧！」他對四組孩子，分別講了四則不同的故事，第一組孩子聽「龜兔賽跑」，第二組孩子聽「放羊的孩子」，第三組孩子聽「木偶奇遇記」，第四組孩子聽「華盛頓砍倒櫻桃樹」。為什麼挑選這四則故事呢？在此賣個關子，先把結局告訴大家。

講完這四則故事之後，研究者忽然語重心長的說：「小朋友，誠實告訴我，剛才我離開去廁所的時候，你有沒有偷看這張卡片號碼呢？」

結果令人非常驚訝：那些聽「龜兔賽跑」、「放羊的孩子」、「木偶奇遇記」故事的三組孩子，說謊機率都偏高，唯有聽「華盛頓砍倒櫻桃樹」故事的小孩，說實話的人數比，竟提高了三倍之多！

獎勵好行爲，比懲罰更有效！

家長都不喜歡孩子說謊，所以我們不斷創造各種故事，以此來恐嚇小孩，說謊可能造成什麼不良後果。但是教養應該是胡蘿蔔和棍子並行，不是嗎？怎麼在「誠實」這個品格上，大家只想到棍子，卻忘了胡蘿蔔呢？

李光的研究就是想辨明，「懲罰說謊」和「獎勵誠實」，哪個方法比較能預防孩子說謊。實驗中使用的四則童話故事，以「龜兔賽跑」當作對照組，而「放羊的孩子」、「木偶奇遇記」，都是強調說謊會遭到天譴：牧童說謊，結果羊被野狼吃光了；小木偶皮諾丘說謊，結果鼻子變長了，大家都笑他。

結果呢？說這兩則故事的效果，跟對照組（龜兔賽跑）一樣差勁，根本無法降低孩子說謊機率。但是聽「華盛頓砍倒櫻桃樹」的小孩，誠實以告的機率增加三倍，因為故事中給予了誠實的獎賞，也就是被爸爸稱讚。

如果父母懲罰孩子說謊，卻不獎勵誠實，只會讓孩子說更多的謊。其實這道理真的「非常簡單」，分析過程如下：

1. 孩子選擇說實話，獎賞的機率是〇％，被懲罰的機率通常是一〇〇％，因為爸媽管不住嘴巴，口頭上總是會罵個兩句。
2. 孩子選擇說謊，有兩種可能：被抓到，受懲罰的機率是一〇〇％；如果成功騙過爸爸媽媽，受懲罰的機率是〇％。
3. 思考下來，只要騙術愈高明，受懲罰的機率就愈低，這個風險值得一試。

人類是很聰明的，上面這個過程，大腦在一瞬間，就得出答案，根本不需要思考，不論大人怎麼恐嚇，說謊的好處依然多於壞處。但如果爸媽獎勵誠實，這就要重新評估一下了。誠實得到獎賞的機率是一〇〇％，但說謊被抓到的話，有可能受懲罰，嗯，那還是誠實好了。

所以，如果你希望小孩不說謊，不僅要減少說謊的罰則，還要增加說實話的獎賞。透過口頭給一個感謝、鼓勵的話，增加親子之間的信任感，這是非常值得的事。

不懲罰孩子，不代表放任不管

你可能會說：「不行啊，黃醫師！孩子今天做『砍櫻桃樹』這個壞事，如果不懲罰他，再來他就會開始砍動物，然後就會開始砍人，最後變成殺人犯！所以我一定要見微知著，在星星之火就把壞行為撲滅，以免日後燎原難救啊！」

來，這位家長，跟著我一起深呼吸，放輕鬆，不要壓力這麼大，好嗎？你應該知道，「華盛頓砍倒櫻桃樹」故事中，老爸雖然不追究，但還是會告訴他：「這是不對的。」並沒有放任不管哦！孩子早已聽見父母的叮嚀，只是能不能、肯不肯做而已。當孩子願意不再去砍樹時，表示親子之間關係良好，彼此信任，他是發自內心、出於對父母的愛，想去遵守規定，這才是能長長久久的品格教養。

如果親子關係處於「你犯錯，我處罰」、「你說謊，我抓包」這種官兵抓強盜的狀態，那麼孩子只好把這些邪惡意念，默默藏在腦海裡，趁你不注意時偷偷做壞事，或者等長大脫離父母魔掌後，變本加厲的做，到那時候，才是真正的覆水難收！

除了說謊之外，其他品格的教養方法也相似。總而言之，獎勵好行為，絕對比懲罰壞行為來得更有效果，更長久！

29 夫妻、兩代教養不同調，怎麼辦？

本章到了尾聲，很多讀者可能心有戚戚焉，心想：「黃醫師，我很願意按照你說的這些方法來教養，可是家裡還有其他的照顧者，卻完全跟我不同調，該怎麼辦？」

教養不同調的照顧者，有時候是老公或老婆，更多的情況是上一代長輩，甚至是保母。然而，這些代養者對主要照顧者而言，又是非常重要的角色，畢竟現代孩子需要多位代養者，建立二至五人的依附關係（詳見第一五二頁）。因此當教養不同調的時候，騎虎難下，父母該怎麼辦呢？

若能溝通，先私下溝通

當另一半管教孩子，不是用很正確的方法時，請一定要先忍住，不要直接在孩子面前發難制止。請放心，孩子的大腦也沒那麼脆弱，通常不至於被吼一次或罵一次，就一輩子產生陰影。我這裡有幾個原則跟大家分享。

確定孩子沒有肢體危險

比如說，面對有暴力傾向的家人要打小孩，或是喝醉酒的父親要給孩子「丟高高」……若是這種極端狀況，當然要立刻保護孩子的安全，強行抱走，甚至積極與社工單位聯絡。

避免直接介入阻止

若孩子沒有危險，而且管教孩子的人也愛孩子，就不要當場讓這位照顧者難堪。你可以選擇默不作聲，或者乾脆離開現場，以免控制不了脾氣。但如果場面已經快要失控，你可以溫柔接手，在雙方面前說點好話（例如：「爸爸愛你，所以對你特別嚴厲。」「兒子愛你，所以想在你面前說實話。」）像勸架一樣，先讓彼此冷靜下來。

用「三明治說話術」正面溝通

不論是和長輩或另一半溝通，指責一定會帶來傷害。因此，使用「三明治說話術」，雙方比較可能心平氣和的討論。

所謂「三明治說話術」，就是說話分三層，第一層先說好聽的話，第二層塞入想要溝通的事，第三層再包上好聽的話，就像三明治一樣（圖29.1）。

圖 29.1
三明治說話術

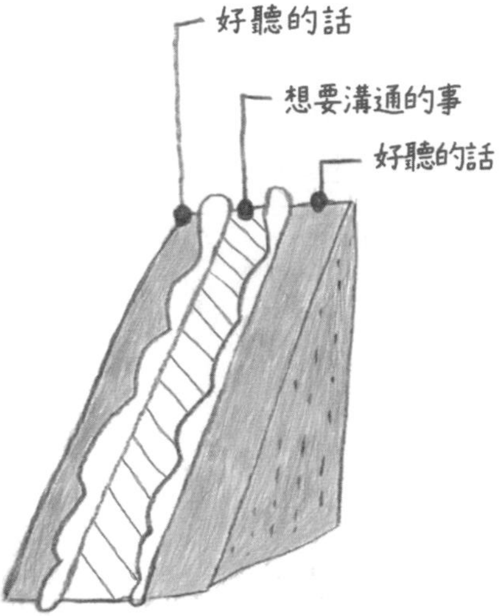

我常使用的第一層內容，是先肯定對方的付出是出於愛，並且表達感謝，像是這樣說：「媽媽，謝謝您照顧孫子，我看你們祖孫感情好，覺得孩子特別幸福，謝謝您的照顧，讓我在有事的時候，能沒有後顧之憂。」

就在對方樂得飄飄然時，第二層肉要來了：「我知道您擔心孩子太瘦小，所以吃飯時會追著孩子餵，想要他吃多一點。不過，黃瑽寧醫生的書說，孩子吃飯時如果壓力大，反而會抗拒吃飯，而且變得更挑食。書上還說，一邊吃飯一邊看平板電腦，會影響孩子的食欲，還會消化不良。書裡有一些讓孩子減少吃飯壓力的方法，您可以試試看！」

這時氣氛可能有點僵，趕緊上第三層：「我上次看到您在聽線上課程，才在跟老公讚嘆，說媽媽真跟得上時代，願意不斷接受新知識，我們真的要好好跟您學習呢！」

當然，我不敢說「三明治說話術」絕對有效，因為行為習慣的改變，對多數人來說是很困難的。但至少這樣溝通，家人之間比較不會傷感情，減少因為互相指責造成的裂痕，是值得一試的好方法，提供給各位參考！

別為其他大人的錯誤而懲罰孩子

若能讓所有照顧者，都使用一致的教養風格，這樣當然是最好，但根據我的經驗，這樣的期望值幾乎是零。既然如此，面對無法溝通的教養歧異，為了家庭和諧，還是就算了吧！不需要強迫另一位照顧者和你完全一致。很多家長會擔心的問：「黃醫師，可是這樣教養不一致，我的孩子會不會被寵壞？」答案是「不會」，只要反求諸己，讓自己扮演孩子最好的依附對象，這樣就可以了。

孩子很聰明，他們大腦有內建「雙面人」模式，可以摸清不同大人的規矩。比如說，孩子知道媽媽這個人有原則，說話溫柔而堅定，就知道與媽媽相處時，要怎麼表現比較適當；爸爸情緒常大起大落，他們就懂得察言觀色，等爸爸情緒好的時候，才去找他玩；奶奶完全沒有原則，所以可以予取予求，成天欺負她。

每個成年人，都要各自為自己跟孩子的互動模式負責。孩子如果尊重你，表示在他們眼中，你值得被尊重。一個老是被孩子騎在頭上的大人，理論上要自己為這互動模式負責，我們不需要為了他的無能，反過來去懲罰自己的小孩。

那些喜歡討好小孩、寵小孩的其他照顧者，就任他去吧！他們不是主要照顧者，也不是主要依附關係的建立者，影響力不大，孩子只有在他們面前，才會變成另一種樣子。

只要你不因其他大人的錯誤而懲罰孩子，孩子與你在一起時，還是能享受最安全的依附關係。比如說，孩子不可以吃零食，卻被長輩偷偷塞糖果，事後你發現了，反而去罵小孩：「我不是早就告訴你，不可以吃糖果！你要說『謝．謝．我．不．吃』，不是教過好幾遍了？」

可是大家有沒有想清楚，這明明是長輩的問題啊！他用錯誤的方法表達自己愛孩子的心，你卻去責罵孩子，這樣只會讓孩子和你愈來愈疏離。孩子的心裡可能會有這樣的想法：「我在媽媽面前明明沒犯錯，她卻為別人的事情處罰我。只要看到媽媽，就肯定沒好事，所以我最討厭看到媽媽。」

有清楚的原則，態度溫柔而堅定的家長，長期下來，反而會成為孩子最尊敬、最有安全感的依附對象。

家和萬事興

與孩子單獨相處時，只要你能確定，自己正給予孩子一個安全的依附關係，並堅守本書所建議的規則，這樣就可以了。至於孩子與另一位大人單獨相處時，他想用什麼相處模式，若沒有安全疑慮，我們就不過問。

唯一需要討論的，是三人都在場的情形。我、另一位大人、孩子都在，這樣要聽誰的呢？比如說，媽媽堅持不給孩子吃零食，老公卻不在意，那麼三人一起出去玩的時候，是使用媽媽模式，還是爸爸模式？這是唯一需要達成的共識，只要能訂出明確的規則，那就天下太平。

萬一最後討論的結果，是使用爸爸模式，那麼當孩子大口吃零食的時候，要讓孩子清楚知道，這是爸爸在才有的模式，如果只有媽媽和孩子，還是回到媽媽模式。這就是「家和萬事興」的法則。

當然，你的孩子下次可能會忘記，或是想要試探你，問問看可不可以吃糖果，踩踩你的底線。但只要溫柔而堅定的，把界線劃清楚，久而久之他就會放棄了。放心！孩子不會恨你的，因為溫柔而堅定的大人，會讓他更有安全感。將來真有需要的時候，孩子會來找你幫忙、問你意見、找你訴苦、和你談心。他不太會去找沒原則的照顧者，因為他知道，沒原則的人，大概也不值得信任。

不過這有一個最重要的前提，就是「不能讓孩子懼怕你」。一旦有了懼怕，所有良好的親子關係就毀了。

30 父母說到要做到：信任感是親子關係的基石

不知道你有沒有聽過「棉花糖實驗」呢？這是一九六六至一九七〇年代，史丹佛大學教授沃爾特・米歇爾（Walter Mischel），在幼兒園進行有關自制力的一系列心理學經典實驗。

有六百四十三名四歲兒童，加入這場簡單的實驗：孩子獨自坐在房間裡，房內有一張小桌子，上面放了一塊棉花糖。研究者告訴孩子，他必須離開房間十五分鐘，如果回來時棉花糖還在桌上，他會再給孩子一塊棉花糖做為獎勵。然而，若孩子在十五分鐘之內，禁不住誘惑吃了棉花糖，實驗就此結束，他只能吃到桌上那一塊棉花糖。

忍耐十五分鐘，可以得到雙倍的獎賞，若忍不住，就只有眼前的享受。緊張刺激的挑戰，這些孩子能不能做到「延遲享樂」呢？

具有延遲享樂能力的孩子，未來SAT考試成績較佳……………

答案揭曉，在這場試驗當中，有三分之二的兒童，最後把桌上那塊棉花糖吃了，能夠忍耐十五分鐘的孩子畢竟是少數。這些中途放棄的孩子中，有些人等了五秒鐘，有些人等了一分鐘、兩分鐘，甚至有人堅持更久，足足等了十三分鐘，但這在遊戲規則中，都算是失敗了。

另外三分之一的兒童沒有吃掉棉花糖，並不是因為他們不愛甜食。有些孩子選擇蒙住眼睛，有些孩子把棉花糖往後推，有些孩子利用唱歌、踢桌子來轉移注意力，甚至有孩子差點破功，舔了一口……不管使用哪一種方法，這些人成功忍住十五分鐘，沒有吃掉這塊棉花糖。米歇爾將這些孩子歸類為：具有延遲享樂能力的孩子。

精采還在後頭！十四年後，研究人員找到當年參與棉花糖實驗的孩童，那時已是十八、九歲的年輕男女，並展開後續的研究。那些當年忍住美食誘惑的小朋友，後來不僅身材更苗條，而且更能適應社會。他們的SAT考試（美國學測）成績，要比當年實驗中最沒耐心的小朋友，高出二百一十分！

這下可精采了，所有聽過這實驗的父母，開始整天「訓練」孩子延遲享樂，把他最喜歡的甜點放桌上，告誡不行現在吃，忍耐十五分鐘才能碰；最喜歡玩的玩具，今天不買，忍耐一天，明天再買；想要立刻抱抱？沒那回事，在這裡忍耐十五分鐘，我再來抱你！一旦孩子忍不住，父母立刻露出失望表情，完了，慘了，考試輸人家二百一十分了，簡直如喪考妣。

能延遲享樂，其實是出於對人的信任感

這研究對後來的心理學界，造成了巨大的迴響，也引發熱烈的討論。一般學者對四歲延遲享樂，和十八歲學業成績的關聯性表示肯定，但並不代表只要訓練出延遲享樂的能力，未來就能考高分。延遲享樂的能力背後，應該具備更深一層的心理因素，所以能造就後來的學習成功。那麼，這個因素是什麼呢？

美國的羅徹斯特大學的賽勒斯特．基德教授（Celeste Kidd），在米歇爾的棉花糖實驗中做了點手腳。她在給孩子棉花糖之前，先故意破壞跟孩子之間的約定，原本答應要送孩子一個禮物，最後卻沒送。經過這個小小的「食言而肥」後，再展開經典的棉花糖實驗，結果你猜如何？

沒錯！幾乎所有小孩都立刻滿足欲望，拿起棉花糖就吃，誰要等十五分鐘給你騙？孩子們又不傻。

這樣看來，棉花糖事件的背後，或許帶給我們更深一層的思考。那些當年可以延遲享樂的孩子，或許只是對人的信任感較高，所以願意等待；那些衝動的孩子，可能長期被大

人有意無意的糊弄，對人的信任感較低，所以不願等待。

在本書第一章中，我用艾瑞克森人格發展理論告訴大家，幼年時期孩子的心靈，最需要的是安全感，覺得地球很安全，大家都很守信用，沒有人會傷害或欺騙他。若能將信任感扎根在這片心靈的土壤中，幾乎等於擁有良好的安全感與依附關係，進而造就未來的學習能力。這些都是近代研究，一步一步揭開的教養祕訣。

認真看待你對孩子的承諾，做不到請道歉

從米歇爾到基德，我們學到的功課，不是整天訓練孩子延遲享樂，而是跟孩子建立足夠的信任感，成為一位「說到做到」的父母。一旦你的話語不真實，孩子自然不會相信你任何對未來的約定，於是變成一個衝動思考的小孩。因為習慣衝動思考，最後可能失去深思熟慮的能力，進而影響學習。

你曾跟孩子說過「如果不乖，虎姑婆會來咬你」之類的謊話嗎？我常聽到「你如果不安靜下來，等一下醫生就會打針」這種恐嚇式的言語。還有「你再這樣鬧，我就再也不帶你來了／我就不要你了／我就把你丟在這／我就叫警察來抓你／我就讓你餓死。」父母嘴裡雖是這樣說，但這些舉動根本就做．不．到！你不可能不要孩子，也不可能把孩子丟在路上，這些都是大人公然說謊，把親子關係建立在謊言上。

當然還有開空頭支票的謊言，像是：「你在這裡安安靜靜，回頭我買個冰淇淋給你。」結果最後忘了買。還有：「打針根本不痛，相信我，跟蚊子叮一樣。」實際上根本痛得要死，比蚊子叮還痛上十倍——除非你家蚊子是恐龍時代的巨蚊。

針對每句承諾，父母都要仔細想想：「真的嗎？我做得到嗎？」家長衝動言語的背後，代表了對教養的挫折與無力感。如果醜話已經說出口，當下立刻更正並道歉，這是最好的身教示範。答應孩子等一下買冰淇淋給他，結果來到店家門口，發現今日公休。這時立刻跟孩子道歉，爸媽今天食言了，並詢問有什麼替代方案？父母應該和孩子一起討論，而不是幼稚的耍賴。

做錯了事，說錯了話，立刻跟孩子好好道歉，這是建立親子關係與信任感的基石。有時由於你的承諾跟孩子的期待不同，結果因此讓孩子不愉快時，也可以透過道歉來化解彼此的心結。

比如說，你告訴孩子：「『等一下』講故事給你聽。」他以為「等一下」是十分鐘，但你的意思是一個小時後，結果搞得彼此都不愉快。其實，你可以為自己的溝通不精確道歉：「對不起，我沒有說清楚是等多久，是我不對。」

道歉之後好好思考，下次承諾時，請明確告知孩子何時會兌現，盡量少用模糊的等一下、再看看、或許吧之類的字眼。

你希望孩子將來學測考高分嗎？雖然這不見得是最好的教養目標，但是從自己開始做起，言出必行，勇於道歉。不知不覺間，你的孩子就培養出延遲享樂的能力，學習效率肯定也會提升。

6 CHAPTER

二胎家庭的新挑戰：輕鬆避免手足紛爭

兄友弟恭，和睦相處，這是每一位家長期待幸福和樂的畫面。當手足爭吵打架，彼此用難聽的話互罵時，真是父母的夢魘。別擔心，其實想讓手足和睦相處並不困難，你只要把握幾個原則且徹底執行，就可以達成。

31 手足間最大的紛爭：不公平

大約九〇％的手足爭執，都是起因於有人覺得「不公平」，所以要讓手足和樂，絕對要貫徹始終的首要任務，就是讓孩子覺得手足之間「很公平」！

怎麼讓孩子感到「公平」？

科學家曾經做過一個實驗：有二隻猴子，被關在相鄰的二個籠子裡。猴子們發現，只要撿起一顆石頭，伸手交給研究員，就可以得到一片小黃瓜吃，撿愈多，就可以得到愈多。雖然猴子沒特別喜歡吃小黃瓜，但是看到隔壁的「室友」，也一樣得到小黃瓜，不吃白不吃，於是二隻猴子樂此不疲的重複同樣動作。

就在這個時候，研究員端了一盤牠們最愛吃的葡萄來了！右邊的猴子交出石頭，竟然得到了一顆葡萄。左邊的猴子趕緊也交出石頭，結果研究員沒有公平對待，不給牠葡萄，還是給小黃瓜。

這下左邊的猴子內心風暴炸開了，「這是什麼道理？牠拿葡萄我拿小黃瓜？不公平！」牠抓著籠子大聲尖叫抗議，也不拿石頭了，研究員免費奉送小黃瓜，被牠丟回臉上。牠的行動好像在說：「我不屑！我寧願餓死！我要公平！我要跟隔壁的猴子一樣，拿葡萄！」

爭公平，是猴子的本能，人類呢？基本上也是一樣，尤其是小孩子。五歲之前的兒童認為，全世界應該繞著他打轉，所看到的東西就是他的。這是一個發展的過程，叫做「自我中心主義（Egocentrism）」，孩子不是有小霸王個性，只是大腦還不夠成熟，不懂什麼叫分享，也不理解禮讓的美德。他們能夠忍受的底線，就像小猴子一樣，至少在自己眼睛所能看到的範圍內，手足、室友手上拿的東西，要跟他一樣，這世界才是美好的。

所以想要打造手足和睦，父母的首要責任，就是塑造公平的「表象」，尤其是在孩子們五歲之前。你若跟孩子勸導：「哥哥已經有舊的玩具了，買個新的給弟弟，有什麼好抱怨的呢？」「你是哥哥，年紀比較大，本來就要讓弟弟啊！」說這些話的父母，並不了解孩子的大腦，或者說不了解小猴子的大腦。

那麼，該怎麼製造公平表象呢？接下來我要為大家介紹五個技巧，請先看下一頁的表31.1，我將依序說明。

表 31.1
為孩子製造公平表象的
五個技巧

技巧	重點
你切我選	父母不當分配者，由一個孩子切分，讓另一個孩子先選，做出彼此都覺得公平的分配。
讓孩子成為同一隊	創造需要手足協力的情境，讓孩子們得到共同利益，培養合作的默契。
不當包青天	面對孩子的爭執，不判斷誰對誰錯，而是擔任中立的調停者，給孩子們機會，學習自己解決衝突。
不在言語上互相比較	注意自己與其他長輩對孩子說話的內容。讓孩子在不同班級，學習不同的興趣與運動，降低比較的機會。
與每個孩子單獨約會	刻意安排時間，透過寶貴而短暫的約會，和每個孩子創造「一對一」的情感交流。

公平技巧一：你切我選，讓孩子自己公平分配

父母要製造公平表象，第一重要的方法，就是「不要自己扮演分配者」。舉例來說，一個蛋糕放在桌上，二個孩子都想吃，父母便拿起刀子要切一半。我可以保證，不管你怎麼小心翼翼、戰戰兢兢的切，最後一定還是有人不滿意。

「他拿的那一半，有比較多草莓！」「他選的那一塊，奶油比較少！」「媽媽不公平！」聽到這些話，是不是讓人很想發飆？要避免這種令人氣結的鳥事，請先把刀子放下，不要自己切。你可以利用賽局理論，製造公平的表象，這招就是「你切我選」。

不管是分蛋糕、分水果、分玩具……父母都不當分配者，叫小孩自己來分！遊戲規則很簡單，「一個人負責切，讓另一個人先選」。你會發現，事情變得出乎意料的順利。

因為負責切的孩子，會用盡一切的方法來保證公平，可能還會拿尺來量，拿放大鏡來看。因為只要切歪了，手足一定會選擇比較大的那份，這樣他就吃虧了！所以「你切我選」是最輕鬆的公平技巧。父母們可以舉一反三，常常使用它。

公平技巧二：讓孩子成爲同一隊，體會合作的好處

土耳其的社會學家穆札費．謝瑞夫（Muzafer Sherif）曾經研究過，說：「要讓小男生打架很簡單，只需把他們分成二個小隊，各取一個難聽的隊名，然後安排他們玩一個競

賽遊戲。這樣，他們就一定會打架或吵架。」

所以讓手足不和最好的方法，就是讓他們比賽。若你常用競賽來激勵孩子，保證他們的感情會愈來愈糟糕。要讓手足和睦，最好是把他們歸在同一隊，一起對抗大人。永遠讓孩子保持合作關係，在任何事上，盡力稱讚他們彼此是最佳隊友。以「做家事」為例，父母可以多製造需要手足合作的情境，像是一人負責噴，一人負責擦。結束後對孩子說：「你們二人打掃的默契真好，是我們家最強的家事清潔隊。」將手足送作堆時，請務必記得使用「獎勵、稱讚」做為凝聚，絕不可以用「連坐法」這種爛招數。

密西根大學的政治學教授羅伯特．艾瑟羅德（Robert Axelrod）曾經做過一個實驗。他發現人與人之間有一個特點，如果你希望他們變成同一隊，卻訂下連坐法的規定，二人一起懲罰，他們的合作關係很快就會崩解，而且會互相指責、反目成仇。但是如果今天他們的合作，可以得到共同利益，那麼合作關係就會持續很久，而且彼此愈來愈互相信任。

我以「收玩具」舉例，如果你跟小孩們說：「我給你們二個人十分鐘，如果時間到了，玩具還沒有收好，就讓你們一起罰站。」乍聽之下，這似乎是讓孩子變成隊友合作，但很快你會發現這招無效，其中一位手足開始擺爛，另一位開始指責，二人心情都不好，感情更糟糕。

可是如果爸媽說：「我們的收玩具清潔隊，準備要開始完成任務了！這次的任務是『十分鐘收玩具』，成功的話，今晚我們可以一起玩一場電動玩具哦！」這樣成功率會比較高，而且效果能持續很久。

順帶一提，有時孩子們願意合作，但不明白「合作的方法」，大人必須先參與其中，指導合作的步驟，這樣他們就能更快上手。比方說，一個孩子努力的收玩具，另一個卻時常發呆，這樣的合作方式，會讓努力的孩子有點心理不平衡，覺得怎麼只有他在收，另一個人都不收？

這時，爸媽可以扮演合作教練，提點一下互相合作的方法，然後一起得到獎品。或許可以說：「來，玩具清潔隊一號，舉手！很好，一號隊員，請負責收紅色的玩具。玩具清潔隊二號，舉手！二號隊員，請負責綠色的玩具。剩下的我來收，我們三個人一起合作，開始吧！」

你去過健身房嗎？在健身房裡，通常會放節奏感強的音樂，讓人身體不自主的動起來。收玩具的時候，也許你也可以放一下「收玩具音樂」，讓孩子在「動次動次」的節奏中，你收一個、我收一個、你收一個、我收一個……這韻律感不就出來了嗎？

讓孩子同一隊，父母所扮演的角色是教練，讓孩子品嘗合作後的甜美果實，漸漸的，他們自己就會找出更多合作的默契了！

公平技巧三：不當包青天，改當情緒教練

家中二個孩子吵架、打架，父母常會叫二個人過來，劈頭第一句話就問：「是誰先動手的？」言下之意，先動手的一定要道歉，然而這種做法，會衍生出許多無效的障礙。

第一個障礙，是問誰先動手，卻出現二個答案，哥哥說：「他！」弟弟說：「才不是，是他！」雙方互不相讓。第二個障礙，是先動手的人舉手承認，但不願意道歉。第三個障礙，是哥哥被逼著道歉了，結果你一轉身，他立刻再踢弟弟一腳，然後弟弟像足球選手一樣，在地上表演打滾加慘叫，讓父母直接抓狂。

我遇到許多家長，經歷了一次又一次的勸戒失敗後，乾脆自暴自棄，任憑孩子打架，不勸架也不處理，讓他們自生自滅。他們會說：「我是給孩子們機會，學習自己解決衝突。」這些父母用言語美化自己的做法，但其實根本是無計可施。他們任憑孩子自己用暴力解決衝突，最後就是走向手足失和，然後家庭崩壞。

事實上，孩子的爭吵，根本不該等到有人動粗，只要講話開始尖酸刻薄，父母就應該介入處理，引導他們用文明方式解決衝突。否則那些會挑釁、侮辱或出手打人、推人的手足，就是活生生的家庭霸凌者，有造成他人生理或心理傷害的可能。

重點來了，當父母必須介入孩子的爭執時，最重要的不是判斷誰對誰錯，而是擔任調停者，傾聽「兩造」所描述的事實，並且複述一遍，幫助二個孩子理解彼此的行為動機。

以下模擬手足「搶玩具」的處理過程：

哥哥：他搶我的蝙蝠俠玩具，所以我才推他。

弟弟：是他先把我的蜘蛛人弄壞，我才沒有搶東西。

父母：好，我來把你們剛才說的事情，講得更完整一點，有哪裡不正確，等我講完之後可以糾正。哥哥跟弟弟借蜘蛛人，不小心弄壞了，「不是故意的」。弟弟覺得哥哥弄壞玩具，應該要賠一個給他，所以就把蝙蝠俠拿走，「也不是故意的」。哥哥認為弄壞蜘蛛人，跟賠蝙蝠俠是二回事，不能混為一談，所以想要拿回蝙蝠俠。拿回來的過程中，哥哥一時衝動，推了弟弟一把，弟弟立刻反擊，然後我就過來了。請問這故事有符合事實嗎？

兄弟二人點點頭。

父母：我知道了，今天沒有要處罰任何人，只是想把事情發生的過程釐清。剛剛的過程中，哥哥有誤會弟弟的部分，弟弟也有誤會哥哥的部分，我也不要求誰跟誰道歉。我們只需要解決第一個問題，就是蜘蛛人被弄壞，哥哥想要怎麼補償弟弟？這件事我們一起討論，其他就沒事了。二個人互相抱一下。

有看到我想表達的嗎？盡力從孩子有限的言語中還原事實，當事實被說出來，對孩子就是一種療癒。而且在說話時，不斷同理他們的衝動行為，不貼標籤，只對事不對人，解決衝突的源頭。如果家長每次都肯花時間這樣做，孩子就能慢慢摸索出「不使用暴力解決衝突的方法」，將來出現新的紛爭時，才真正能心平氣和的處理。

這樣才是真正的「給孩子們機會，學習自己解決衝突」，而不是放任孩子衝突，卻撒手不管。

公平技巧四：勒住舌頭，不在言語上互相比較

請父母們記得「人言可畏」，你對孩子說的每句話，都慢慢在塑造他的個性，甚至局限他的未來。

二〇〇三年，有對二十九歲的伊朗連頭姊妹（連體嬰）拉丹和拉蕾，決意以手術擺脫形影不離的天命。儘管二人出生後就分秒不離，但期望手術的理由，竟是「個性不同」！

理論上，拉丹和拉蕾的基因是相同的，而且從出生開始，她們面對的人、事、物，甚至受的教育都一模一樣，為什麼最後仍會塑造出個性不同的二個人？以腦科學的理論而言，答案顯而易見：二十九年間，周遭的人對這對姊妹花說的每句評語，就是塑造她們截然不同個性的因素。

拉丹能言善道，拉蕾個性內斂，為什麼？可能是因為，拉丹嬰兒時期先會說話，剛好身邊的人就利用這項特點，評價這二位女孩：「怎麼分辨拉丹？就是比較會說話的那一個。」「怎麼分辨拉蕾？就是比較內向的那一個。」

拉丹得到了外向的評價，於是愈說話愈有自信，拉蕾得到內向害羞的評價，就更不想講話，更加內斂，到最後乾脆所有發言都交給拉丹負責。這差異難道是基因的影響嗎？不是的，而是周遭人的評語，局限了拉蕾的說話才能。

因此，父母在孩子之間，要勒住自己的舌頭，嚴禁比較，例如：「你看，妹妹比你小都可以上台表演，你比她大兩歲，怕什麼？」「二十六個英文字母，你哥哥三歲就背起來，你一年級了還背不熟？」「姊姊當年各科都是滿分，你好好跟她看齊，不要丟我們家的臉。」類似這些的句子，每說溜嘴一句，就請自行掌嘴一次。

長輩如果有比較手足的習慣，請私下好好勸阻。如果勸阻無效，每次長輩「發難」時，就立刻轉移話題，不要答腔。如果兄弟姊妹給同一位老師教導，可以事先和老師溝通，請他不要拿哥哥姊姊的榮譽，來評價弟弟妹妹，以免產生不必要的壓力。

手足如果向另一人炫耀，也要積極制止這種行為。例如：姊姊說：「妹妹妳很笨耶！寫字這麼醜。」這時爸媽必須立刻看著姊姊的眼睛，嚴肅的告訴她：「妳今天能字寫得漂亮，第一，是因為妳遇到了盯妳筆順的好老師。第二，是妳去年很認真練習，跟聰明或愚笨沒有關係。」然後轉頭告訴妹妹：「妳的小肌肉還沒發育完全，字寫得歪歪扭扭是正常的。練習一年之後，妳的字就會變整齊，到時我會把妳現在寫的字再拿出來，妳會很高興看到自己的進步。」

總之，請隨時隨地練習傳遞「成長性思維」的說話方式。如果你忘記什麼是成長性思維，可以回頭複習一下第四十七頁的內容。

家中如果有雙胞胎，建議一定要分班上課，不要讓孩子在同一個班級。除此之外，也要刻意禁止孩子看到彼此的成績，保持神祕感，這樣比較不用傷腦筋，要去安慰其中一人。在課外活動方面，讓二個孩子選擇不同的樂器、運動或嗜好，淡化課程同質性太高的學校教育，避免他們互相比較的困擾。這些做法除了在雙胞胎家庭適用外，有時在一般手足家庭也適用。

公平技巧五：安排時間，與每個孩子單獨約會

除了不要在手足面前比較外，還有一個方法，可以讓孩子覺得公平的被父母所愛，那就是「單獨約會」。

我認識一位媽媽，她生了四個孩子，為了讓孩子不要每天放在一起被人比較，她每天都會帶不同的孩子，單獨出門約會。比如說老大是每週日，老二則相隔一天，以此類推。

約會時做些什麼呢？其實也就是一般日常生活。買菜也好，逛街也好，主要是刻意經營與每個孩子單獨相處的時間。

在這寶貴而短暫的約會時光裡，這位媽媽會和每個孩子單獨聊天，向他們傳達幾個簡單的訊息：

- 媽媽非常愛你。
- 我看見你的某個努力。
- 我很驕傲你有某種特質。
- 培養與這孩子共同的興趣。

我把父母與孩子的短暫約會，比喻為「巨星走紅毯」，就像那些偶像明星，雖然不認識你，但走紅毯時會刻意轉過頭來，極具魅力的對著你放電、微笑、揮手，製造出短暫約會的感覺。在那一瞬間，你的甜蜜感油然而生，感覺他是愛你的，即使下一秒鐘，他馬上就轉頭，對另一位歌迷微笑揮手。要讓你的孩子，也能感覺到這種「一對一」的情感交流，就效法偶像明星留住死忠歌迷的方法吧！

最後我們再複習一次：你切我選、讓孩子成為同一隊、不當包青天、不在言語上互相比較、與每個孩子單獨約會。透過以上五招，讓孩子感覺公平。如此反覆運用，家中手足間必然兄友弟恭，手足和樂，並且長長久久。

32 避免手足紛爭，請勿強迫分享

在發展心理學家羅伯特・凱根（Robert Kegan）的人際關係發展理論中（表32.1），我們可以發現，孩子很小的時候，尤其是六歲之前，他的人際關係發展，基本上還是處於自我為中心的時期，也就是沒有所謂的「他我概念」。

根據凱根的理論，「他我概念」大約是六歲之後產生。孩子的眼光終於慢慢拉開，世界不再是繞著自己旋轉，這時所謂的「同理心」，才慢慢發展出來，而且需要非常久的時間，才會完全成熟。

從這個兒童心理發展進程來看，強迫孩子在六歲之前，就要懂得分享的美德，而且要主動看見他人的需要、公平分配資源、照顧其他年紀較小的手足……這豈不是既荒謬又強人所難嗎？

別讓孩子以爲「分享」等於「搶劫」……

分享雖然是美德，但以人類的本性而言，要先滿足「占有」的欲望之後，才可能產生主動「分享」的能力。而且多數人的心理狀態，通常是占有居多，分享較少。

你不相信？不妨現在試試。如果請你把自己的財產，分一半給你的手足或親戚，你會願意分享嗎？由此可知，就算是成年人，也幾乎做不到「凡物都分享給他人」的行為。

那麼，對於仍在「以自我為中心」的學齡前兒童而言，「分

表 32.1
羅伯特・凱根人際關係發展理論

階段	年齡	人際關係發展
1	2～6 歲	自我膨脹期：我最大。
2	6 歲～青春期	彼此利用期：喜歡交厲害的朋友。
3	後青春期	流行盲從期：尋找歸屬團體。
4	成年早期	獨立思考期：不一定要和別人一樣。
5	成年晚期～ 40 歲後	成熟期：懂得尊重他人感受與個體差異，願意無私付出。

享」更是令他們緊張、焦慮的根源。況且這年齡的孩子，仍處於「單向思考」階段，也就是在他們的大腦中，只能注意事物的某一面向。在孩子的小腦袋瓜中，「借出去」是一個概念，「歸還」又是另一個概念，什麼「有借有還，再借不難」，對某些孩子來說，實在太深奧了。

既然孩子六歲之前，沒有他我概念，只會單向思考，缺少分享概念，這時父母一把搶過玩具，跟他說：「要『分享』給弟弟妹妹玩！」這行為在成人世界叫什麼呢？沒錯，就是「搶劫」。

於是孩子變得整天搶來搶去，打來打去，看到弟弟在玩的東西，我現在也要玩，因為弟弟應該「分享」。至於我現在玩的東西，也不會讓給弟弟玩，因為這一「分享」出去，不知何年何月，才會回到我手中。

過了一陣子，父母就會接到幼兒園老師的電話，說你的孩子搶了同學的東西，還理所當然的指責同學：「因為他都不『分享』！」更有甚者，孩子開始到玩具店，東西拿了就要離開店家，因為在他的腦海中，世界上的物品，都沒有歸屬任何人，我看到的東西就是我的，因為這就叫「分享」。

六歲之前，先滿足孩子的占有欲

既然人需要「先有滿足，才有分享」，所以我們對家裡的二個孩子，是這樣做的：

- 二個孩子不論年齡，都擁有自己的寶貝箱（加上隨身的寶貝袋）。
- 孩子自己的東西，只要不想跟手足、朋友分享的，都幫你們貼上醒目的姓名貼紙，然後放在寶貝箱裡面，蓋上蓋子收好。
- 寶貝箱與寶貝袋的東西，任何時候我都會幫你們捍衛。不管跟誰一起玩，只要想結束遊戲，隨時都可以拿回來，我甚至可以出手幫你們奪回來。
- 寶貝箱與寶貝袋以外的東西，就是屬於爸爸媽媽的，但是爸媽願意分享，所以你們可以輪流玩，或者排隊玩。
- 公用的玩具如果造成吵架或糾紛，就會被爸爸媽媽收起來，大家都不要玩，因為那本來就是我們的。你們可以玩自己的玩具。

寶貝箱、寶貝袋、姓名貼紙，這些東西的目的，都是滿足孩子的占有欲，也在訓練他的「物體恆常性」——雖然看不見心愛的玩具，但我知道它乖乖躺在寶貝箱裡，明天再去打開來看，一定還在裡面。

還記得那時候，我跟三歲的哥哥說：「你的寶貝箱要藏好，因為妹妹還是小嬰兒，如果被她發現你的寶貝，一定會好奇的拿起來咬，這樣就糟糕了。」我還教他：「萬一還是被妹妹發現了，因為她是小嬰兒，還不懂規則，你來告訴我，我會幫你拿回寶貝。」我進一步交代：「如果暫時找不到爸爸媽媽，妹妹喜歡粉紅色，你可以拿粉紅色的小玩具，把你的寶貝交換回來。」

最後我說：「總而言之，妹妹如果拿了你的玩具，不要急著搶回來，妹妹可能不小心會受傷。你可以藏好寶貝、交換玩具，或者直接告訴爸爸媽媽，我們幫你處理，知道了嗎？」哥哥聽了點點頭。

分享是爲了討父母開心

當孩子被父母這樣滿足占有欲之後，就可以進一步教他，家裡的「公物」如何分享，以及到公園玩，對於那些完全不屬於自己的設施，要如何分享了。

分享的規則不外乎輪流、排隊，以及事先確認物品的所有權。比如說，到別人家作客，事先就讓孩子知道：「今天是去安哥哥家，那是他們家，所以玩具都是他的，隨時他想分享就分享，想收回就收回，知道嗎？」「如果你怕無聊，可以把寶貝袋帶在身邊，那你的玩具就可以自己決定，想一起玩就一起玩，想自己玩就自己玩。」

在六歲之前，如果有孩子願意主動分享，第一個可能，就是他分享了自己不想玩的東西；第二個可能，則是在討好父母。孩子知道當他做出「分享」這個動作時，爸爸媽媽臉上會露出肯定的微笑。為了得到父母稱讚，他們會勉為其難的分享一下自己擁有的玩具！

總之，「分享」這美德，並不是靠強迫而來的，而是讓孩子的占有欲先被滿足，然後藉由模仿、身教、品格教育，逐漸成形。三歲的孩子，由於已進入可以講道理的時期，可以藉由大人的教導，以及為了討好大人，而做出分享的舉動。但六歲以上的孩子，才有真正自動自發的分享能力。一切的關鍵，還是在於父母的態度，不妨耐心等待孩子的大腦慢慢成熟。

33 不吃虧是天性使然，公平正義卻是教育而來

大家應該都聽過「孔融讓梨」的故事：孔融從小就聰明、有才思，大家都誇他是神童。在他四歲時，某天和兄弟們一起吃梨子，孔融挑了小梨子來吃。長輩問他為什麼這樣做，孔融回答：「我年紀小，應該吃小的梨。」在場的大人們都誇讚他。

這個有分享美德的故事，從以前流傳到現在，一直是許多父母教育子女「要懂得禮讓」的好例子。以下是黃醫師的診斷：

- 孔融可能不喜歡吃梨。
- 孔融的仿說能力極佳，他的確很聰明。
- 孔融這些冠冕堂皇的說詞，是為了討好長輩。
- 這段故事絕不能成為父母教育子女的典範，因為四歲大的孩子，並不具有「損己利人」的能力。

不吃虧是天性使然

上述拿孔融為例只是開開玩笑，畢竟歷史故事流傳已久，真偽難辨。然而真實生活中，大家不知道有沒有發現，每當家裡有「不公平事件」發生時，通常都是「拿得少」的一方在叫，但「多拿」的那一方，卻很少主動抗議？究竟到何許年齡之後，孩子才能開始像孔融一樣，願意自己吃虧，造就大家的公平？

美國曾經發表一項橫跨七個國家（美國、加拿大、印度、祕魯、塞內加爾、烏干達、墨西哥）的研究，探討人學會公平正義，不貪小便宜的道德感，是從幾歲開始成形。他們設計了一個簡單的橋段，讓不同年齡的小朋友（四至十五歲），拿到不等量的獎品。當A小孩手上拿著一顆蘋果，卻眼睜睜看老師給B小孩「一籃」蘋果時，肯定會氣得大喊「不公平」。沒錯，任何人都不喜歡吃虧，這是天性，七個國家的孩子，都得到相同的結論。

這種不吃虧的個性，會隨著年齡而減少嗎？答案竟然是「相反」。根據此份研究顯示，四至十五歲的孩子，因為吃虧而不開心的情緒，竟會隨著年齡增加而增加！

所以，如果父母跟年紀較大的哥哥姊姊說：「跟弟弟妹妹計較什麼？都長那麼大了，讓一下他們。」這句話恐怕會讓孩子更生氣，因為年紀愈大的孩子，反而愈在意「公平」二字。換句話說，就算孔融四歲能讓梨，不代表他六歲時還願意委屈自己——除非他真的不愛吃梨。

學習公平正義從教育開始

拿得比人家少而不開心，這是人性，但是，拿得比人家多的小朋友，難道臉皮會一直很厚，永遠都不吭聲嗎？在這項研究中發現，大部分四至十五歲的小孩，的確是在得了便宜之後，選擇悶不吭聲，偷偷的覺得賺到了，不敢說無恥，但厚顏乃始終如一也。

然而，其中來自美國、加拿大、烏干達這三個國家的孩子，卻隨著年齡增長，心態出現不同於其他四國兒童的成熟發展。大約到九歲左右，這些國家的孩子如果多拿了獎品，會覺得良心不安，甚至把多出來的獎品，主動還給老師。因此研究者做出結論，大約在九歲前後，是孩子追求公平正義的起始年齡。

由於加入研究的烏干達孩子，是從國際學校的學生中挑選出來的，所以比較像是西方教育體制下的個性。因此可以這樣推論：在美國、加拿大及烏干達孩子的學校中，其教育崇尚的公平正義，不僅僅是單向的「不吃虧」，而是雙向的「自己不吃虧，但也不要占人便宜」。

這項研究讓我得到極大的啟示，原來「不吃虧是天性使然，公平正義卻是教育而來」。良好的家庭教育、學校教育、信仰與文化，可以塑造我們的孩子，讓他們擁有更恢宏大度的氣質，進而發展出雙向公平正義的社會。

34 孩子用惡毒的話罵手足，該怎麼辦？

當手足吵架，脫口說出惡毒的字眼時，父母聽在耳裡，總不免會感到一肚子火。像是我最討厭你、我恨你、你最好死掉、走開、滾……明明都是一家人，有必要搞得這麼你死我活嗎？

其實家長反應不用太劇烈，因為這也是一個語言發展的過渡時期，孩子並非心地不善良，或者真的要置手足或家人於死地。

孩子說話不得體，可能是詞不達意

年紀較小的孩子，大腦裡擁有的情緒字彙不多，當「生氣」二字不足以表達他的憤怒時，要不是動手動腳、咬人打人，就是訴諸惡毒的語句，表達自己的不滿。

雖然孩子的情緒發展，會受「先天個別差異」及「後天環境因素」影響，但一般來說，正常的情緒發展可以歸納如表34.1。

表 34.1
兒童情緒發展表

年齡	特徵
1 個月	用哭表達身體的「不舒服」
4 個月	對特定的聲音或情境，展現「開心」或「生氣」的情緒
6 個月	開始「害怕」陌生人，產生「分離焦慮」感
1 歲	出現「嫉妒」的情緒反應
1.5 歲	「分離焦慮」更加明顯
2 歲	嘗試控制自己的負向情緒 了解照顧者的價值觀，如：媽媽喜歡的，我也喜歡；媽媽討厭的，我也討厭
3 歲	展現更為複雜的情緒，如：驕傲、罪惡感、尷尬等
6 歲	理解二種情緒可以同時存在，如：我覺得開心又驕傲
10 歲	理解相反情緒可以同時存在，如：雖然我的國語不及格很難過，但是數學得 100 分很開心

資料來源：《華人育兒百科》，林奏延總策畫，親子天下出版。

因此，一個三歲的孩子說：「我最討厭你。」這時，他心中或許有許多複雜的情緒，卻無法正確表達。「我討厭你」代表的意思很多，可能是：

- 我現在心裡討厭你，但不代表永遠討厭你。
- 我不只是生氣，我現在是非常、非常生氣。
- 我不喜歡你現在對我說的這句話。
- 我感覺自己很難過，很挫折。

還有許多可能性，父母可以幫孩子解讀情緒，用成熟的方法解釋。切勿為了孩子一句不得體的話，就不分青紅皂白的懲罰他，這樣做不僅沒有幫助，反而傷孩子更深。

幫助孩子擴充情緒字彙

預防勝於治療，如果父母希望孩子漸漸遠離惡毒字眼，平常在親子共讀、生活周遭發生的事情中，可以擴充孩子的情緒字彙。

比方說，看到別的孩子在爭執時，引導孩子藉由觀察，說出眼前其他孩子吵架的原因：「嗯……我猜小威很難過，因為有人弄壞他的玩具，他不喜歡玩具受傷。」「我想莎莎很難過，因為她想念媽媽，但媽媽今天沒辦法來接她回家。」家長可以適時舉一反三：「那你昨天難過的原因是什麼呢？要不要解釋給我聽呀？」

孩子在字彙還不夠多的時候，也可以用分數來表示情緒程度，比如說：「上次跌倒受傷如果是十分難過，玩具不見是五分難過，現在是幾分難過呢？」有時候我們會畫情緒臉譜，讓孩子學習情緒程度之分（圖34.1）。

圖 34.1
情緒臉譜

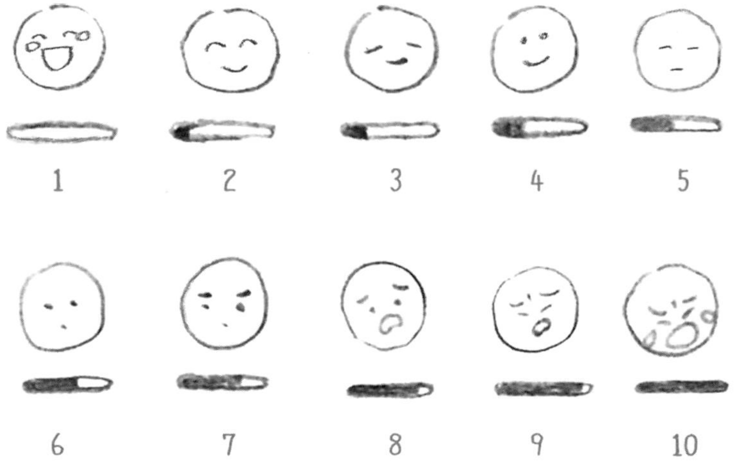

除此之外，閱讀情緒繪本，也能給孩子生活經驗以外的幫助。童書繪本有各種不同的故事主軸，孩子可以在「開心」、「難過」、「生氣」之外，學到「幸福」、「嫉妒」、「孤單」、「害羞」等更深層的情緒字彙。

語言表達能力愈好的小孩，愈容易保持冷靜。若孩子能說出：「我好生氣，因為妹妹弄壞我好不容易畫完的作品。」能清楚表達自己狀態的孩子，較不會對弟弟妹妹吼叫，或者動手打人。

不要給情緒貼標籤

親子共讀時，父母千萬要記住，陪孩子看情緒繪本，不要給情緒貼標籤。有些家長用錯方法，讀完有關「生氣」的繪本後，諄諄告誡孩子：「所以你看看，生氣不好哦！不要常常生氣。」這樣做就是將情緒貼上標籤，把情緒分成好與壞。

如果家長讀繪本後，下這樣的結論：嫉妒不好、想念很好、害羞不好、幸福很好……這樣的情緒教育就真的毀了！

父母要記得，情緒沒有對錯，我們教導孩子情緒字彙，就是希望他能誠實面對內心，讓親子之間沒有距離，沒有誤解。一旦情緒被貼上標籤，例如：「生氣不好」，下次孩子生氣的時候，就會有罪惡感；「嫉妒不好」，孩子嫉妒時不敢告訴爸媽。這些情緒一旦埋在心底，將埋下更多情緒障礙的惡種。

孩子在童年時期，若能勇於在父母面前表達自己的情緒，這樣才有機會學習，如何正確的面對情緒。

生氣的時候，可以跺腳、搖冷靜瓶、踢跆拳道；難過的時候，可以唱歌、找爸媽聊天。讓孩子知道，他可以參考爸媽處理情緒的經驗。這樣，孩子就不會對自己的情緒產生質疑，也能慢慢成為個性成熟的人。

35 如何處理孩子跟同學的衝突？

因為本書著重在「親子關係」，所以孩子在學校和其他同學發生的衝突，我沒有另闢一章探討。然而，由於孩子在學校的人際問題，跟手足紛爭有點類似，卻又不太相同，所以這一篇中，我會讓父母們了解一下，孩子在團體生活中若遇到紛爭，應該怎麼處理。

學校衝突與手足紛爭的差別

兩歲多的小宇，在幼兒園的幼幼班又闖禍了，他打了同學的頭。老師和另一位家長都很不高興，小宇的媽媽只能不停賠罪。回家之後，媽媽嚴正告誡小宇，以後不可以再對人動手。

沒想到過了幾天，換小宇的臉上出現瘀青，這次是另一位同學打了他。媽媽問小宇事情發生的前因後果，他哭哭啼啼，一直說不清楚，大概就是跟同學搶玩具起了糾紛。最後，媽媽只聽懂了一句：「媽媽說不可以對人動手。」

因為媽媽跟小宇說「不可以動手」，結果他被別的同學欺負時，無法用口語和對方爭辯，也不知道如何跟老師告狀，只好帶著臉上的瘀青回家。這時候如果爸爸改口，告訴小宇要「用力打回去」，明天可能又換爸爸要請假，去學校向其他家長道歉。

假設小宇的個性比較溫和，被同學打了，卻沒有勇氣反擊，他回家之後，可能不敢將事件告訴爸爸。因為小宇覺得，自己沒有照爸爸的話去做，或許會被罵，只好把被欺負的事埋在心底，形成更糟糕的惡性循環。

孩子在學校和同學起衝突，跟在家與手足紛爭最大不同之處，就是「衝突對象不是自家孩子」。由於不是自家孩子，父母就很難像前面所說的，替雙方訂立一致的規矩或賞罰尺度。更麻煩的是，孩子和同學起衝突時，父母永遠不在現場，若孩子表達能力不足，描述過程虛虛實實，就很難知道事件始末的真相。

以剛才小宇的故事為例。孩子互相搶玩具，究竟是誰先開始玩，誰後到卻要搶先？輪流的規矩是什麼？是否有誤會產生？動手之前，二個孩子說了什麼？有沒有人先用推擠的小動作？這些過程老師若沒從頭到尾觀察到，恐怕也沒資格判定誰是誰非。

絕對不能以「動手就是不對」這六個字，就草率的結案，身為家長，我們有責任用更成熟的方式，來解決同學之間的衝突。

學校其實就是個小社會

「被同學欺負，到底要不要反擊？」這個問題的答案，在於學校公權力是否有擔當。這裡說的「公權力」，是指老師或校方訓導人員。

在成年人的社會中，如果一個地方的警察單位，是公平且值得人民信賴的，被壞人欺負時，我們一定是選擇報警，由公權力替自己討回公道。反之，在某些好萊塢英雄電影裡的邪惡國度，常看到政府腐敗、警察貪汙，公權力低落，主角不得不用私人正義，把壞人就地解決。

同理可推，學校就是個小社會。如果老師能事先訂立遊戲規則，賞罰分明，當孩子起衝突時，老師都能用公平的方式化解糾紛，這個班級就是文明世界。在這種情況下，孩子被欺負，最好的辦法就是「報告老師」，不需要自己處理。

但如果事與願違，學校老師無法解決孩子糾紛，每次報告老師，都是「各打五十大板」，或者只會說「你不要理他就好」這種風涼話，這時我才會教導孩子，被欺負時要反擊。反擊不一定是還手，像這種公權力不彰的學校，也是最喜歡用行為判定是非的學校，所以我會提醒孩子不要落人口實，雖然選擇不還手，但要學會大叫。

先往前踏一步，眼睛看著欺負者，語氣堅定的說：「我不喜歡人家打我的頭，你不可以再打我！」如果對方繼續動手，可以提高音量，大聲跟附近的老師說：「這個人打我！」老師如果裝作沒聽到，就走到老師面前，大喊：「老師，我不喜歡人家打我的頭，這個人剛剛打我！」這要在家演練幾遍，讓孩子懂得放聲大叫，老師叫不醒，就叫到校長醒，絕對不要小小聲害羞的說：「不要打我。」這樣就失去作用了。這招可以在美國NBA籃球員身上得到印證，在球場上起衝突，誰出手打人就會被趕出場，但是大聲嚷嚷提醒裁判，卻沒有犯規。

孩子在學校被欺負，該怎麼自我保護？

父母可以教導孩子，在學校被人欺負的時候，記得使用下一頁的應對五字訣：冷、眼、轉、告、逃（圖35.1）。

不過老實說，如果孩子在學校，一直要用自己的方式解決衝突，每天都在「冷眼轉告逃」，公權力卻從未主動介入，其實更應該趕快離開這所學校。「孟母三遷」是所有教養故事中，最符合科學的一則，我們為人父母的責任，就是替孩子選擇善良的同學、認真的老師，即使為此搬家，也在所不惜。

如果欺負事件反覆發生，讓孩子開始不敢上學、心生恐懼，這就從一般的打鬧，升級為霸凌事件了。

「霸凌（Bullying）」指的是一種長時間、持續的心理恐懼。受害者受到身體和言語

圖 35.1
面對欺負五字訣：
冷、眼、轉、告、逃

冷酷的臉		霸凌者最喜歡看被欺負的人一臉驚恐，或者氣噗噗的樣子。如果孩子能不為所動，冷眼對待，霸凌者就會覺得無趣。
眼神堅定		眼睛看著霸凌者，堅定沉穩的告訴他：「我不喜歡人家弄我。」
幽默**轉**移		孩子若反覆被嘲笑同一件事，父母可以陪他想幽默轉移的對策，比如說：「你怎麼每天都講同一件事，要幫你想新的嗎？」
告訴大人		讓孩子有投訴的大人對象，比如：父母、家人或老師。
逃之夭夭		遇到危險的欺負現場，比如：一群人圍在校門口要找麻煩，這時必須見禍藏躲，走為上策，不要逞匹夫之勇。

惡意的攻擊，且與霸凌者因權力、體型的不對等，而不敢有效的反抗。若家長懷疑自己孩子正遭受霸凌，千萬別自己跑去找對方家長或孩子理論，而是依循《校園霸凌防制準則》通報學校。學校於受理申請後，會於三日內召開防制校園霸凌因應小組會議，開始處理程序，並且會在受理申請之次日起，二個月內處理完畢。

除此之外，學校老師平時應鼓勵孩子們，勇於替霸凌事件發聲，當有孩子被欺負時，若有較多同學聲援他，這樣霸凌者就沒有生存的空間。就好比《哆啦A夢》的故事，如果班上扮演「靜香」的孩子多一些，扮演「小夫」的孩子少一些，胖虎就很難老是欺負大雄，這個班級也會因此安全許多。

如果你的孩子就是小霸王……

前面都是談孩子被欺負的情況，但萬一你自己的孩子，就是在學校欺負人的小霸王，那又該怎麼辦呢？

很多人認為要治小霸王，就必須「以暴制暴」，但這樣做完全是火上加油。我們要知道，那些從未被同理心對待過的孩子，也不可能學會以同理心對待他人，換句話說，小霸王就是沒被同理心對待過的孩子，因此自我形象低落，產生出負面行為。如果你以暴制暴，只會讓他心裡有更多的恨與自卑，然後變本加厲的欺負弱小。

小霸王最需要的，是重新建立與家人的親密關係，再次修補安全依附關係，這在很多家庭中，是已經長期缺失的一環。如果父母和孩子已經「斷線」很久，可以參考表35.1的六大招，重新建立親子的安全依附關係。

五種層次的道歉……

最後我想特別談一下「道歉」這件事，因為不只父母要為自己的失控行為，勇於向孩子

表 35.1
重建親子安全依附關係六大招

做法	說明
正向鼓勵	如果說了一句糾正或負面的話，就要補上七句正面言語。
抓大放小	忽視孩子無傷大雅的調皮搗蛋，溫柔而堅定的，規勸少數嚴重犯規行為。
快快的聽，慢慢的說	讓孩子慢慢說出心裡的感受或困難，打開耳朵傾聽，閉上嘴巴少說教。
敞開心接納孩子	若孩子明顯排斥分享，告訴孩子你也正在學習改變，很願意傾聽他心裡的想法。
使用溝通替代方案	若無法當面溝通，可先用手寫簡訊取代口述，或提供孩子情緒選項（如：高興、難過、生氣），讓他選出最符合心情的答案來破冰。
勇於道歉	只要父母發現自己失控，讓孩子害怕溝通了，記得事後道歉、道歉、再道歉。

道歉，孩子做錯事，也必須負起道歉的責任。許多小霸王在學校打了同學，常是隨口一句「對不起」，然後就沒有了，這種道歉並不是真正的道歉。

我們必須教導孩子，真正的道歉。在這裡，我想跟大家分享心理學家蓋瑞・巧門（Gary Chapman）的五種道歉表達語言：

1. 表達悔意：說對不起，並且說出自己錯誤的行為。
2. 承擔責任：我做錯了，我會承擔責任。
3. 願意補償：請告訴我，應該如何補償你？
4. 願意改變：我願意改變，下次不會再傷害你。
5. 請求原諒：你願意原諒我嗎？

真正做到這五步驟，才算是完整而負責任的道歉，而這五個步驟，同樣適用於家長對孩子、夫妻之間，以及所有人際關係的修復。

讀到現在，相信大家和我一樣必須承認，「為人父母」實在是世上最扎實的人格訓練班。如果我們願意努力扮演好父母，相信在任何人際關係上，必定也能成為一等一的溝通高手。

7

CHAPTER

孩子只黏媽媽？
幫助爸爸參與育兒的好方法

我在第三章曾經特別提醒媽媽們，寶寶平均需要二至五位依附關係的對象，不僅可以給寶寶的大腦多點刺激，也不會把主要照顧者給累死。通常媽媽會是寶寶第一個依附關係建立者，而第二個依附關係建立者，責任當然就落在爸爸身上。

爸爸們千萬不要妄自菲薄。研究顯示，父親在兒童的心智發展過程，扮演極為重要的角色。父親的缺席，對於兒童的智力發展、人際關係，以及未來的婚姻關係，都有某種程度的危害。所以在本章中，就讓我們認識一下，現代男人如何扮演好父親的角色，而母親又該如何從旁協助，並且避免互相指責。

36 媽媽別插手：讓嬰兒與爸爸自己建立一套獨特的互動關係

密西根大學的教授詹姆斯．史威（James Swain）曾經研究，嬰兒的哭聲，對父母的大腦反應有何不同。當四週大的嬰兒啼哭時，媽媽大腦某個區塊會非常敏感的反應，我們稱之為「母愛區」；然而同一個時間，爸爸大腦卻是除了聽覺區之外，沒什麼特別的大腦反應。

史威解讀，父親在嬰兒出生一個月的時候，大腦其實還沒意識到自己成為了「父親」，只是在經歷一件令人興奮的歷程。反之，懷胎十月的媽媽，大腦已經有神祕的變化，新增了一塊前所未有的母愛區，和寶寶緊密的連結。

這就是我在第二章討論睡眠時，為什麼說哺乳的母親可以母嬰同床，但父嬰同床卻不被討論，因為母親與嬰兒有某種心電感應。媽媽只要沒有喝酒、沒有抽菸、沒有吸毒、沒有吃安眠藥、不是睡在太柔軟的床鋪上，寶寶一發出聲音，她就會警覺而醒來。可是，爸爸大腦對寶寶哭聲沒有感覺，有時睡太熟了，就算轉身壓到寶寶，可能還是沒有感覺。

寶寶三個月大開始，跟父親的腦波產生連結

那麼，爸爸大腦到了什麼時候，會開始認得寶寶的哭聲呢？答案是「大約寶寶三個月大」。當寶寶長到三個月大時，爸爸大腦有個區塊也開始有不同反應，而這區塊跟媽媽還不一樣，我們就稱之為「父愛區」。從此以後，爸爸的大腦才開始真正認知到：「原來我已經是父親了！」所以在寶寶三個月之前，媽媽請忍耐一些，不要怪罪另一半有些行徑還不像父親。只要努力營造父子相處的時間，三個月後，爸爸就會上軌道了。

而且爸爸跟寶寶的互動關係，肯定跟媽媽不同且獨特，剛才提到大腦的父愛區與母愛區，它們是二個截然不同的路徑。只要在寶寶安全的前提下，尊重彼此和寶寶建立的互動模式，就不難發現在育兒的路上，父親的角色也非常重要。因為從嬰兒時期開始，爸爸的親子互動與媽媽的親子互動就截然不同，任一方都無法取代與複製。

英國牛津大學曾經有一個研究，觀察爸爸跟三個月大寶寶的互動頻率，然後追蹤這些孩子兩歲後的智力發展。結果顯示，經常跟爸爸玩的孩子，長大以後學習動機強、智力發展高，除此之外，爸爸本身也變得有自信與成就感。

我在看診時常能分辨，哪些爸爸時常陪伴孩子，因為這些爸爸有一種自信的氣質，或說是一種被孩子所愛的驕傲。這個研究結果，或許是鼓勵爸爸多陪孩子的動力之一。

父親缺席，對孩子身心影響甚鉅

講完父親陪伴的好處，接著要談父親長期缺席，對孩子有什麼負面影響。關於這部分，有很多研究給我們答案，但結論都有些感傷。專家指出，父親長期缺席，孩子長大以後，有較高機率得到情緒疾患、較多衝動行為、提升肥胖風險、增加高中輟學機率、成年較可能酒精成癮等。

我必須強調，請大家不要對號入座，上述的因果關係只是機率問題，不代表絕對會發生。很多家長本身來自單親的家庭，會質疑：「我現在還不是過得很好，沒有你說的那些狀況。」的確如此，因為這裡說的只是「機率」，許多人的原生家庭，雖然父親缺席，一樣可以順利成長。不過現在自己當了爸爸，總會希望孩子擁有較佳的機會，得到更好的身心發展吧！因此，這些研究可以幫助我們展望未來，而不是顧影自憐。

在此，我特別提出一個「爸爸對女兒重要性」的驚人數據。父親如果在女兒六歲之前，就棄家庭不顧而離開，這個女孩將來青少年懷孕的機率，竟然會高出七倍之多！但如果父親離家的時間，是在女兒六至十八歲之間，她青少年懷孕的機率就只有高出二倍。很難想像，父親在女兒學齡前的陪伴，竟對她未來的心智發展，有如此顯著的影響！

不知你有沒有發現，本書所舉的各項研究都一再顯示，在我們覺得「小孩什麼都不懂」的學齡前，竟然是大腦發展最黃金的時刻。在這段大腦最脆弱的時間，若能給予孩子悉心的呵護，這樣他長大之後，幾乎什麼問題都能迎刃而解。所以，爸爸們從孩子學齡前開始參與育兒，真的是責任重大啊！

外地工作的父親，請善用電子產品與孩子保持聯繫

現代家庭礙於工作的關係，常有夫妻分隔兩地的狀況，這時父親難免會焦慮：「黃醫師，你說父親缺席影響很大，可是我身不由己，不在孩子身邊，怎麼辦呢？」幸好我們身處二十一世紀，可以靠著電子產品的幫助，和孩子保持某種程度的連結。每天規劃親子視訊時間，就能隨時讓孩子與父親見個面，說些話。

有時候，孩子不知道視訊要跟爸爸說些什麼，就請媽媽負責「主持」，幫忙父子／父女開啟對話。其實這不會太困難，媽媽只要跟爸爸輕鬆聊聊天，說說孩子今天發生的事，孩子自己就會湊過來聽，甚至搶著說話。如此一來，就能順利的把父親與孩子之間的橋給搭上啦！

但建議父親還是要盡量定期回家，給孩子面對面的擁抱。我身邊認識許多父親是空中飛人，有每週末從美國飛加拿大的，也有每個月從美洲飛亞洲的，常常在不同城市飛來飛去，這樣的工作型態，在現代已經不稀奇了。雖然機票真的很貴，生活費也可能很拮据，但是孩子的成長只有一次，在幼兒身上多投注一點陪伴時間，肯定是值得的投資。

當父親從外地回家時，可能不知道跟孩子怎麼互動，這時，主要照顧者可以刻意創造機會，讓父親與孩子有單獨相處的時間。在下一篇，我會再分享一些父親可以跟孩子一起做的事。

單親家庭，務必爲另一方塑造良好形象

當然我也明白，有些家庭已經處於覆水難收的單親型態，這時讀到上面的內容，或許感覺有些辛酸。但請別擔心，我有簡單的三個原則，提供給單親媽媽（單親爸爸也是一樣）參考：

1. 口不出惡言：在孩子面前替另一方塑造良好形象，口不出惡言。
2. 讓前任與孩子保持聯繫：如果雙方只是離婚，依然可以讓孩子與另一方建立良好的關係。
3. 安排可替代的同性角色：如果另一半身故或失聯，建議積極安排可替代的同性角色，時常陪孩子玩耍。例如：單親媽媽撫養小孩，理想的人選可以是外公、舅舅或其他可信任的長輩。

曾經有個研究發現，在單親家庭中，父親缺席的理由如果是「因公殉職」，對孩子的人格智力發展，影響似乎特別的小。這是因為雖然是單親家庭，但每位家庭成員對已逝父親的評價，都是非常正面、勇敢，讓孩子心中對父親有個英雄的形象，所以對人格發展影響極微。

從這個角度可以說明，在其他的單親家庭中，不論父親缺席的理由為何，如果家人之間（尤其是媽媽），能夠口不出惡言，以正面言語為父親塑造良好的形象，這樣對孩子的心智影響，或許不會太過嚴重。

一旦能做到口不出惡言，那麼要讓孩子跟親生父親好好相處，也就可以比較順利的進行。分居父母一樣可以利用電子產品，加上週末父子／父女的相聚，讓他們有自己的親密時光。只要父母在孩子面前不吵架，不在孩子面前說對方壞話，就能把父親缺席的影響降到最低。

37 爸爸好忙：如何幫助爸爸參與育兒？

上一篇提到，爸爸跟孩子的情感建立，大約從寶寶三個月開始。但是在這關鍵的三個月，很多爸爸就被媽媽排擠，成為家庭的局外人。在被媽媽邊緣化的過程當中，爸爸開始覺得，自己失去了在家裡的地位，也失去了一家之主的自信，覺得在家裡幫不上忙，而且自我形象低落。

這些被邊緣化的爸爸，就會選擇離開。他們可能在工作、休閒娛樂中尋找自信，去家庭外的地方建立成就感，久而久之，就跟家庭脫節了。當夫妻走到這一步時，要挽回就很困難。所以預防勝於治療，身為新手父母，究竟該怎麼做，才能讓父親樂此不疲的參與育兒呢？

從懷孕學習如何哺乳開始

讓我們先將時間拉回「孕婦產檢」的時候。

當護理師拿出道具乳房，教導媽媽如何哺乳時，不知道爸爸在旁邊的心情為何？很多爸爸從沒想過哺乳需要「學習」，而且聽起來好像是媽媽的事，跟自己一點關係也沒有。但實際上，哺乳這件事跟拉梅茲呼吸法一樣，應該要夫妻「一起學習」。新生兒出生後，第一件事就是「吸奶」，如果父親能從旁提供協助，就是在育兒之路上，踏出成功的第一步啊！

美國的某些醫學中心，會在產前針對爸爸，提供母乳哺育的課程。內容大致上會教導三個主題：

1. 母乳對媽媽，對寶寶，以及對全家的益處。
2. 為什麼爸爸在母乳哺育的過程中占有重要角色？
3. 支持母乳哺育的家庭策略。

經過這些課程之後，醫學中心追蹤後續的成效，發現只要爸爸有認真上課，之後不論是母乳哺育率、持續哺乳的時間長短、純母乳哺育的比率，都有顯著的上升與進步。更重要的是，在寶寶剛出生的前三個月，爸爸至少有件事可以和媽媽一起合作，從一開始就參與育兒。

請讓寶寶與爸爸單獨相處

媽媽如果希望爸爸能在孩子三個月之後，成為育兒的神隊友，就一定要製造各種機會，讓爸爸來照顧新生兒。舉凡洗澡、換尿布、出去散步等，讓爸爸自己學習，並且享受那種親子感情的流動。

我知道媽媽們有時會因母性使然，不敢讓別人來照顧嬰兒，覺得交給自己的老公，心裡總是不踏實。但是這樣做的話，只會讓爸爸角色變得更加薄弱，而媽媽也會更疲累。

我在第三章提過，要建立與嬰兒的安全依附關係，媽媽絕對不要把所有依附感包在自己身上，必須營造二至五個依附對象，而愈早把爸爸推上前線，媽媽愈有機會喘息。

我會建議從嬰兒出生開始，媽媽就要有固定時間出門透透氣，把寶寶交給爸爸照顧，或者請爸爸把寶寶帶出門，讓媽媽在家喘口氣。嬰兒是很敏感的，他如果感受到屋子裡有媽媽在，由於第一順位的依附者是媽媽，孩子就會嫌棄第二順位的爸爸，以哭鬧的方式表達不滿。很多時候就因為這樣，媽媽只好把嬰兒接回自己手中，然後丟下一句氣話：「你這爸爸，連照顧孩子十分鐘都搞不定！」

男人因此受了不白之冤，畢竟他沒做錯什麼事，只是寶寶選擇了媽媽，不選擇他而已。久而久之，父親在育兒方面就會變得被動，認為：「反正寶寶不需要我。」如此又再度進入惡性循環。

所以，讓父親與嬰兒單獨相處很重要。在孩子的成長過程中，記得要持續的製造機會，讓孩子跟父親單獨出門。

爸爸照顧時，媽媽不要事事嫌

如果媽媽放手讓爸爸照顧嬰兒，但又事事嫌棄，恐怕只會得到反效果。比如說，爸爸在家陪嬰兒，媽媽回來時，發現寶寶尿布穿反了，還因為漏尿灑了一褲子，這時千萬別擺臭臉給老公看，這樣可是會讓神隊友很受傷的。

新手爸媽都在學習如何育兒，因此從錯誤中學習是很合理的。男人最愛面子，如果媽媽一再打擊他的自尊心，爸爸又會進入「那我不要做，都讓妳來做」的惡性循環，最後累的還是媽媽。

當媽媽要把嬰兒交給爸爸照顧時，在這裡給媽媽一些重點提示。

平時打好基本工

平常在換尿布、泡奶的時候，請老公一起來學習，甚至可以對他說：「請你幫忙研究一下，教教我該怎麼做。」這是讓先生難以抵擋的高招，因為男人最喜歡解決問題，而且好為人師。

指令簡單明瞭

交給老公的兩個小時，媽媽可以設定工作清單（check list）。比如說：

- 餵寶寶喝一餐奶。
- 幫寶寶洗澡。
- 把寶寶背在身上（或放在安全的座椅上）。
- 洗碗與洗衣服。
- 跟寶寶說說話。
- 不可以玩手機。

這些指令的重點，是讓爸爸知道，他有哪些明確的任務需要完成，就像打遊戲破關一樣，完成一項任務就打勾，這是多數男性的思維模式。如果媽媽指令不明確，讓爸爸感到無聊，極有可能會選擇把寶寶晾在一邊，自己開始玩手機，甚至開電視給寶寶看。

男人是很耐不住無聊的，安排一些簡單家事，例如：洗衣、摺衣、晾衣，至少他可以邊做家事，邊跟寶寶說話，就可以避免把手機拿出來滑。

三明治說話術

在父子相處的時間中，不論發生了什麼蠢事，像是泡錯奶粉濃度、洗澡不小心手滑等，媽媽請先不要指責，免得傷了爸爸的自尊心，下次要再請他顧小孩，就沒勁去做了。還記得我們第五章提到的「三明治說話術」嗎？在這裡就能派上用場啦！

複習一下第二五五頁的三明治說話術：說話分三層，第一層先說好聽的話，第二層塞入想要溝通的事情，第三層再包上好聽的話，就像三明治一樣。

首先，肯定對方的付出：「謝謝老公今天陪寶寶，我出門散心兩個小時，真的很舒壓。」讚美後才說出建議：「我一開始泡奶，也偶爾會泡錯濃度，後來背了一個口訣後，就不常弄錯了。」最後再補上一句撒嬌：「老公真的是新好男人，我很幸福。」

咦？我怎麼突然覺得，自己好像是在寫馭夫術的書？

多感謝，勿比較

男人是很單純的動物，基本上就是三個字：「愛面子」。要讓老公變成神隊友，做法實在很簡單，就是常跟他說「謝謝」，然後不拿別人來比較，這樣就可以輕鬆馭夫了。夫妻生活從早到晚，有太多事情可以感謝另一半，說聲謝謝不用花半毛錢，就能增進夫妻感情，還可以讓老公心裡踏實，願意付出更多，真是一舉兩得的事。

至於「拿自己老公跟其他男人比較」這種事，只要稍微有點常識的女人都知道，這是婚姻的大忌。「比較」撒手鐧一出，傷痕就很難癒合了，萬萬不可隨便說。

爸爸該如何陪伴孩子？

剛才我們說到，爸爸跟孩子相處時，常常不知道要做什麼。但邊做家事邊聊天，就是還不錯的方案。很多人以為陪伴孩子，必須要全神貫注，眼睛盯著他，不停說話，其實不需要這樣做。陪伴孩子的重點在於：留下一隻眼睛，一個耳朵，適時回應孩子需求。這樣就可以了。

所以做些輕鬆的家事，是個很好的調劑。一般家事不太需要全神貫注，可以留出眼睛與耳朵的注意力，一旦孩子有需求，可以立刻放下手邊事，去回應他或解決他的問題。如果是玩手機，那可就慘了，因為當你玩得起勁的時候，所有注意力都放在那小框框裡，在孩子要跟你說話，甚至有危險的時候，很可能會失去拯救他的時機。

當然，如果爸爸們能知道，孩子什麼年齡可以玩些什麼，相處時也就不會那麼無聊了。我整理出圖37.1，提供一些方向給爸爸們參考。

當然，這只是一些常見的相處方向，每個家庭文化各有不同，一定有更多陪伴孩子的獨特方式或遊戲。

圖 37.1
爸爸能陪各年齡孩子玩的遊戲

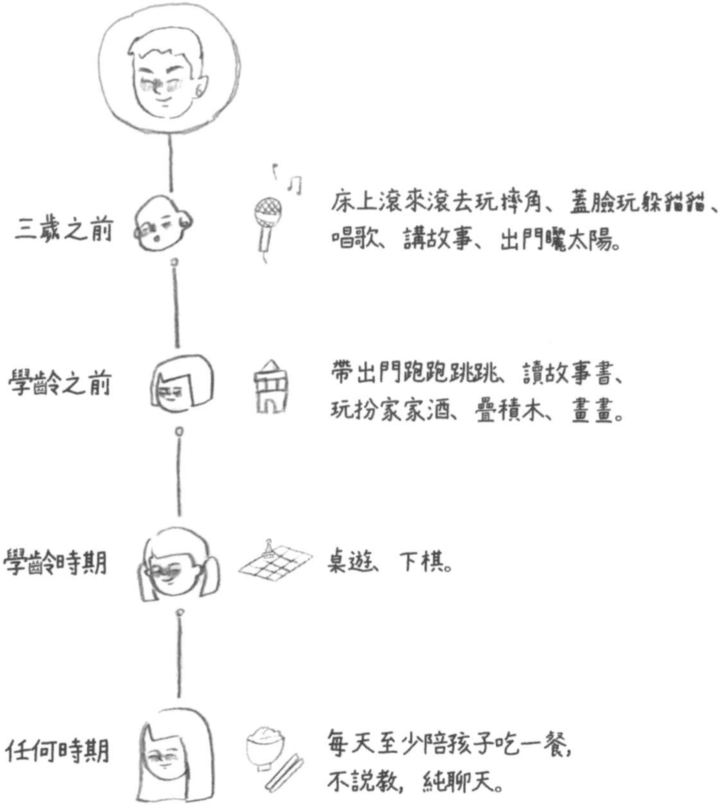

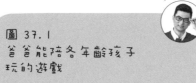

三歲之前
床上滾來滾去玩摔角、蓋臉玩躲貓貓、唱歌、講故事、出門曬太陽。
學齡之前
帶出門跑跑跳跳、讀故事書、玩扮家家酒、疊積木、畫畫。
學齡時期
桌遊、下棋。
任何時期
每天至少陪孩子吃一餐，不說教，純聊天。

有些爸爸喜歡汽車，捧著汽車雜誌，跟孩子聊車廠標誌，這就是他獨特的育兒風格。漫畫《灌籃高手》中，王牌球員澤北榮治的爸爸超愛籃球，在兒子八個月大時，就買了顆籃球讓他玩，這也可以是一種獨特的親子遊戲。

在此特別強調，孩子三歲之前，一些動態的跑、跳、翻、滾，媽媽們通常比較沒勁，但這是爸爸的強項，可以多加利用。很多家長聽了會擔心，說：「唉唷！這樣把寶寶轉來轉去、晃來晃去，會不會造成嬰兒搖晃症候群或腦出血啊？」請放心，只要把握二個原則：「寶寶不離手」與「寶寶很開心」，基本上就無礙。

幾乎所有的嬰兒搖晃症候群，都是因為寶寶一直哭泣，父母在盛怒中搖晃孩子，才會發生這種憾事。一般在全家情緒穩定時，只要不拋高高離手，或者玩翻滾失手，都「不可能」發生嬰兒搖晃症候群（除非嬰兒本身有凝血疾病例外）。陪玩時的轉圈搖晃，甚至對嬰兒有幫助，可以增加他的平衡感，發展感覺統合能力，對寶寶大腦是好事一樁。重點是玩的時候，寶寶不離手，加上寶寶是在開心的笑，而非害怕的哭泣，這樣就是安全的。

三歲之後，想要促進孩子大腦發展，最簡單的居家遊戲有：陪孩子讀故事書、扮家家酒、積木、畫畫。

可別小看爸爸陪讀的效果，因為爸爸說故事的邏輯、風格，甚至連選書的品味都不同，有別於媽媽讀繪本，可以為孩子的大腦，帶來截然不同的刺激和啟發！

扮家家酒亦然，爸爸跟孩子一起演戲的情境，可能充滿了搞笑，不按常理出牌，也或許是更刺激、互不相讓，這些對孩子將來進入團體生活時，都是很棒的「社交先修班」。

學齡時期的孩子，爸爸能和孩子一起玩桌遊、撲克牌、下棋，當然也可以是一起出門運動的好夥伴。現代孩子應該不太可能避開一些電玩遊戲，爸爸不妨當他最好的戰友，但也必須做一個好的把關者，關於這部分，我在下一篇會詳述。

電腦不只拿來玩遊戲，線上學習也是現代孩子必備的學習途徑。和孩子一起找資料，一起在線上寫作業，這些應該是父親的強項。

如果真的都辦不到，至少從共進晚餐開始

如果上述的事情爸爸都做不到，或者心有餘而力不足，至少有一件事可以做到，就是從一家人共進晚餐開始吧！

加拿大麥基爾大學的研究發現，若「父母陪伴孩子吃晚餐」的頻率愈高，孩子在學校遭到霸凌事件後，各種心理疾病的發生率，包括憂鬱症，焦慮症，暴力傾向等問題，都會明顯的減少（圖37.2）！

當然，陪孩子吃晚餐絕不是多一個「訓話時間」，而是有機會傾聽孩子的心聲，了解他在學校發生的故事，以此察覺潛在的危機。很多爸媽說：「我很想跟孩子吃飯，但他都

圖 37.2
全家共進晚餐與心理疾病發生率的關聯

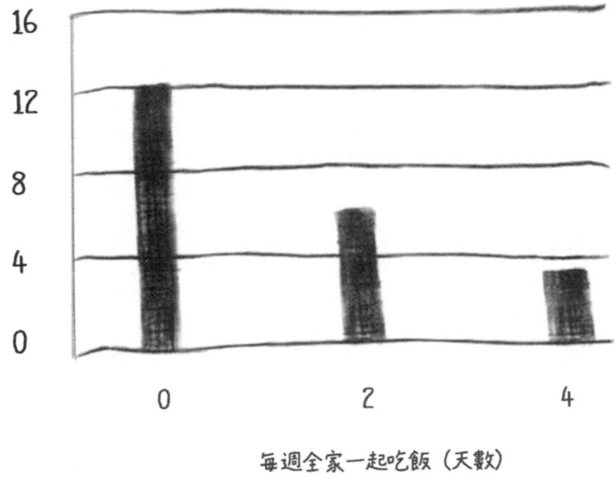

圖片來自 JAMA Pediatr. 2014 Nov 1;168 (11):1015-1022。

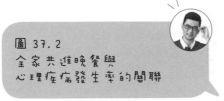

關在房間打電腦，不肯出來。」這時不見得是孩子的問題，父母不妨自省一下，過去在親子關係中是否太囉嗦，時常搬出長篇大道理，卻沒讓孩子說到話？想和孩子在飯桌上和樂融融，祕訣就是「打開耳朵傾聽，用力的點頭」，至於嘴巴，拿來吃東西就好。

此外，想讓晚餐氣氛良好，還有一個簡單的訣竅：「關心孩子的生活故事，而不是只關心答案。」比方說，如果你問孩子：「功課寫了嗎？」這種封閉式問句，就會得到「還沒」或「寫了」這種封閉式的答案。你問：「考試準備好沒？」孩子回：「不知道。」由於這類問句只關心結果，很難讓孩子說出故事，而說不出故事，父母也就無法進入孩子的內心世界。

不妨換個角度，問孩子今天在學校，有什麼好玩的事？老師有沒有說什麼令他印象深刻的事？今天跟同學玩了些什麼？週末有沒有什麼計畫？他覺得爸媽今天有什麼不一樣？如果今天放假，最想做什麼事？這些問題沒辦法只用「好」或「不好」來回答，孩子必須說出一段故事，表達自己的意見或想法，這時父母就可以耐心傾聽，真正認識「此時此刻」孩子的內心。

新加坡有個「好爸爸中心」，近年來推行一個全國運動，叫「與家人吃飯日（Eat with Your Family Day）」。全國數以百計的企業、機構及學校，會在這天提早下班、下課，鼓勵爸爸回家與家人吃飯。真棒！

父母們可以想想看，與家人一同吃飯，實在是非常值得的投資，藉由每天回家陪孩子吃飯，聽他說話，就可以避免將來為了孩子闖禍，整天向別人鞠躬道歉、甚至跑訓導處、跑派出所……。

夫妻真的應該好好計畫一下，如何把時間分配更改順序，讓陪孩子吃飯與睡覺，成為忙碌生活中，刻意被安排的行程。

38 電子世代兒童的螢幕使用建議

在電子世代的我們，沒有人能跳脫螢幕的束縛，當然也包括我們的孩子。既然二十一世紀的今天，要兒童完全不碰電子螢幕既無可能，也不實際，為了保護孩子的大腦與視力發展，設定一些家長可以遵循的規範，就是兒科醫師的職責所在。在這裡我就跟各位介紹，由美國兒科醫學會公布，關於兒童電子產品使用的時間建議，給家長做為參考。

學齡前兒童，最好避免使用電子產品

在第四章我們提到，三歲之前的幼兒，大腦尚未發育成熟，亟需大量與「真人」互動的經驗，認識語言邏輯、社交能力、專注力，以及觀察一般物理現象等。因此，這時期的幼兒如果使用電子產品，不論是單向的電視輸入，或者互動的平板遊戲，不僅學不到什麼東西，還會干擾大腦的正常發展，基本上「完全」不建議使用。但如果真的無能為力，必須使用電子產品，那麼美國兒科醫學會建議，最低年齡是一歲半，而且一定要在大人陪同下使用，從旁以口語複述內容，即使是使用通訊軟體聊天，也要有家長陪同。

三至五歲的小孩，由於大腦比較成熟，已經可以從某些經過設計的 App 中，學習部分語言詞彙，或是一些生活常規。但使用電子產品的時間，請以一個小時為限。

家長們要知道，真正乖乖將 App 拿去做臨床測試的出版商，畢竟還是少之又少，大部分廠商宣稱的「寓教於樂」，常常也只是隨便說說。即使 App 能提供孩子知識的學習，家長仍然要清楚明白，這階段孩子最需要掌握的技能，並不是ABC、ㄅㄆㄇ，而是專注力養成、衝動控制、情緒管理、正向思考、創意發想等。這些技能通常無法從 App 中得著，仍必須在親子互動裡養成。

前面我也有提過，學齡前兒童可以使用電子書親子共讀，但必須要由爸媽親自口讀，而不是以播放CD或錄音筆取代。因為親子共讀的目的，不單只是傳達故事內容本身，而是要增進親子之間的語言交流與互動，唯有你一言、我一語的共讀，對學齡前孩童才有正向的效果。有些電子書會呈現過於花俏的動畫，建議家長不要挑選，應盡量力求畫面樸素簡單，就像一般繪本書籍一樣，以免讓孩子失去專注力。

學齡兒童，不再強調「螢幕時間」

等到孩子進入學齡，電子螢幕已是生活無法避免的工具，強迫做出時間限制，恐怕流於理想而不切實際。因此，螢幕時間的多寡，應該由家長根據孩子的作息，扣掉睡眠、上學、戶外運動等時間，自己訂立家庭計畫後執行。

制定家庭計畫時，專家們特別提醒三個重點：

1. 家中要規劃一段「不插電」時間與空間，全家關掉螢幕，一起吃飯或遊玩。
2. 想辦法發揮創意，將電子產品融入生活互動，比如：家庭組隊，一起玩線上遊戲。
3. 電子產品絕不能侵犯到睡眠、運動、遊戲、單純閱讀與家人互動的時間。

美國兒科醫學會的網站，有設計一個非常棒的工具，提供家長做家庭時間規劃（圖38.1）。透過這個工具，父母們可以根據自家孩子的年齡，自由設計每天的作息時間。經過計算之後，大概就可以估出，每天能允許的「自由螢幕時間」。

舉例來說，一個八歲的孩子，每天睡眠十個小時；上學八個小時；回家閱讀半個小時；運動一個小時；洗澡、刷牙與如廁半個小時；吃晚餐一個小時；寫功課一個小時；家庭時間（包含睡前儀式）一個小時；做家事半個小時。所以平常上學日，孩子每天僅剩下半個小時，可以自由上網或看電視。當然，如果寫功課需要上網查資料，這段時間可以計算在「寫功課」那一個小時中。

圖 38.1
美國兒科醫學會家庭時間規劃工具
（以 8 歲兒童為例）

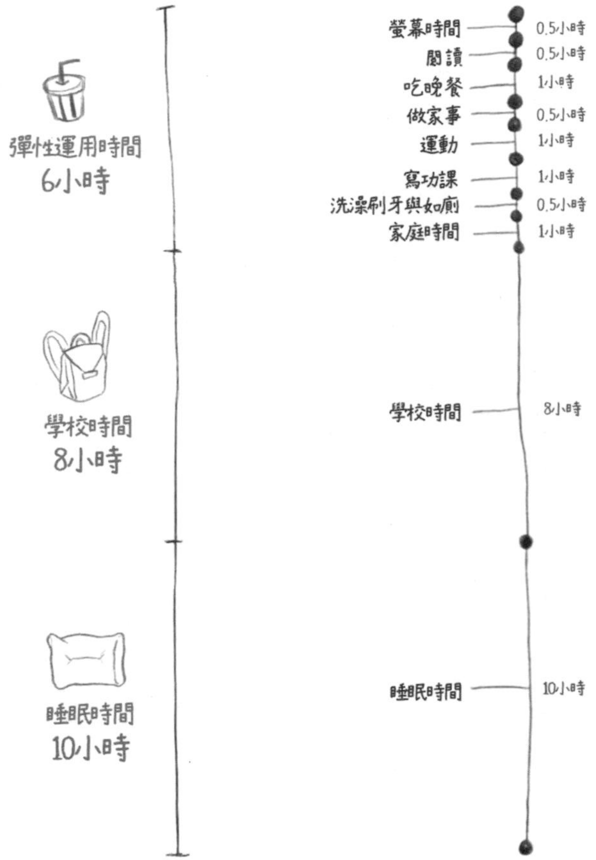

資料來源：Courtesy of AAP website: www.healthychildren.org/MediaUsePlan。

我看過太多父母，整天跟孩子拉扯，告訴孩子手機能玩多久，孩子頂嘴：「為什麼？」父母卻也說不出個所以然，有時放太鬆，有時又抓太緊。不如請父母們坐下來，好好算個數學，每天每個人都是二十四小時，與孩子一起做計畫，扣掉這些生活必須的重要時間後，還剩下多少螢幕時間。展現出良好的父母領導力，就能讓孩子心服口服，並且養成自動自發的習慣。

玩暴力電玩，確實會增長孩子的暴戾情緒

螢幕時間的問題解決了，但家長還是要了解，孩子玩的遊戲、看的影片是什麼，不可放任孩子接觸到暴力的電玩或影片，以免增長暴戾的情緒，造成性格的扭曲。

我還記得小時候，班上有一位話很多、很吵的男同學，只要老師一不在教室，肯定會聽到他嘰哩呱啦的大聲喧譁。有一天，這位同學正在口沫橫飛之際，班上另一位身材較壯碩的男同學，倏地從座位上起身，衝到台前，抓住他的肩膀，先用膝蓋猛踢下體，接著迴旋踢攻擊腹部，把他整個人放倒在地上。這位打人的同學，振振有詞的大聲解釋自己使用暴力的理由：「吵死了，我正在睡覺耶！」

當年有在玩電動玩具的男孩，對那位暴力同學用的招數一定不陌生，基本上就是複製「快打旋風」的絕招。還記得那時候很多學生，都沉迷於這些拳打腳踢的電玩遊戲，時常

下課後不回家，在電動玩具店待上四、五個小時，遊戲中若不幸擦槍走火，就直接在門口打起架來。

在二十年後的今天，這種「拳腳功夫」的遊戲，甚至已經稱不上暴力，網路上有刀有槍的電動遊戲，比比皆是。然而，隨著各種恐怖新聞事件層出不窮：美國有拿槍掃射的青少年，日本有無差別殺人少年，台灣前一陣子也有類似的案件。每當暴力事件發生時，總會有人提出質疑：「究竟暴力電玩，會不會誘發暴力行為的產生呢？」

我想肯定有一大票男性讀者，對這樣的論述嗤之以鼻。他們自己玩了一輩子的暴力電玩，也從來沒跟現實生活搞混，甚至覺得在虛擬世界「舒壓」，反而有助於情緒的穩定。

的確，大部分人的腦袋都是理智的，不會在現實中拿刀砍砍殺殺，但我們不可否認，世上一定有少數欠缺情緒控制基因的人，無法像你我一樣有自制能力，更何況我們今天討論的對象，是大腦尚未成熟的「兒童與青少年」。

兒童玩暴力電玩，確實會增長暴戾情緒，這是經研究驗證過的事實。《美國醫學會雜誌》（JAMA）曾經發表一篇新加坡的研究，研究者調查小學三年級、四年級與國一、國二，總共四個年齡層的孩子，了解他們平常玩的電動遊戲，以及一天玩幾個小時。這項研究共有三千零三十四位兒童與青少年參與，追蹤了三年，結果證實：孩子暴戾的氣質，會隨所玩的遊戲暴力等級愈高，愈容易被誘發出來。

家長可能會說：「哎呀！一定是爸媽沒有『控管』玩電玩的時間，玩太久造成的不良影響吧？」答案並非如此。孩子暴戾氣質的養成，只跟「電玩的暴力程度」成正比，與家長是否管制時間無關。也就是說，只要習慣於玩暴力電玩，不論一天玩幾分鐘，都會愈來愈暴戾。

研究結果也發現，因為大腦發育尚未成熟，暴力電玩對三、四年級小學生的影響，比起對國一、國二的中學生，要來得嚴重與持久，而且沒有性別差異，不論男生或女生，都會受到影響。

有些父母可能還會狡辯：「哎呀！會不會是那些孩子，本來氣質就比較暴戾，才會喜歡玩暴力電玩，所以是倒果為因呢？」答案也是否定的。研究顯示，剛進入研究時，本來就比較有暴戾氣質的孩子，他的暴戾分數只增加了一〇%；而一開始比較溫和的孩子，經過三年的追蹤後，平均暴戾分數可增加一六%，可見電玩的不良影響，在任何性格的孩子身上都適用。

根據這項研究的結果，我認為暴力電玩在兒童時期，應該是「連碰都不能碰的壞東西」，沒有所謂「玩一下下」、「適可而止」的模糊地帶。

善用工具，輕鬆爲孩子把關內容

由於網路世界充斥著不適當的內容，家長除了替孩子做好時間規劃，對內容加以把關之外，也可以善用各種有智慧的設定，讓執行過程更為順暢。例如：從 Wifi 的源頭限制連線時間、調整手機本身的設定（像 iPhone 有引導使用模式，讓孩子只能使用某個 App，並且可以設定時間），以及瀏覽器的安全搜尋設定等，這些都是幫助家長輕鬆把關的工具。如果你不太知道這些功能如何設定，可以上網搜尋自己手機或電腦品牌的官方網站，或者到家長論壇裡找一找，應該都能得到答案。

家長有效的利用這些「篩選器（filter）」，不僅能避免孩子看到不該看的內容，還可以省下大量跟孩子拉扯的時間，比方說，設定好瀏覽時間，倒數計時結束後，手機自然就鎖機，孩子也只能把手機還給你，而不是要你一直回頭問：「幾分鐘啦？自己計時啊！注意時間啊！」這些囉哩囉嗦的垃圾話，還是少講一點為妙。

最重要的是，父母要以身作則，不要成為不良示範的低頭族，以免孩子有樣學樣。由於藍光會干擾大腦分泌褪黑激素，影響睡眠品質，所以全家人睡覺前一小時，最好都不要用電子產品；電視沒在看就關掉，因為浸泡在電視聲音中，一樣會影響干擾兒童睡眠。

想想看，如果兒童的大腦，白天被電子產品搞得很混亂，晚上睡眠品質又不佳，它什麼時候才能好好休息呢？

39 讓孩子從家庭開始，學習當個好的領導者

俄亥俄州立大學曾經有項研究，發現在現代社會中，父親願意參與育兒的比例愈來愈高，這是一件令人欣慰的事。然而奇怪的是，這些有新好爸爸的家庭，夫妻反而更常吵架，怎麼會這樣呢？

過去的傳統觀念是「男主外女主內」，認為男人若沒把錢帶回家，就是男人的問題；女人如果沒把家顧好，沒把孩子教好，那就是女人的問題。但如今這種傳統家庭已經愈來愈少，女人需要工作來自我實現，男人也需要顧家與陪伴孩子，男女分工界線愈來愈模糊。打破男女性別框架是好事，但如果沒有良好的溝通，就會變成多頭馬車。父親回歸家庭之後，夫妻二人分工不清，彼此互不相讓，在教養細節上各自強出頭，反而導致衝突不斷產生。

有關夫妻的溝通，我會在本書最後一章介紹。在這一篇中，我想從另一個角度來鼓勵父親：身為一家之主，請讓孩子從你的身教中，學習成為未來優秀的領導者！

爸爸可以教孩子的六種領導力

有一次，我的孩子去美國玩，他們買了一張貼紙送我，上面寫著一句感人的話：「Daddy, you are my first teacher and my best friend.（爸爸，您是我第一個老師，也是我最好的朋友。）」我看了非常感動，也覺得很榮幸能當他們的父親。

美國著名作家兼心理學家丹尼爾・高曼（Daniel Goleman），曾經整理出六種領導能力。他認為父親在家裡的角色，就是一個領導者，如果能好好練習這六種領導風格，不僅可以齊家，甚至可以在職場上成為優秀的領導者，最終還能治國且平天下啊（最後一句是我自己加的）！

既然父親是家庭的領導者，就不能只會一套方法。在華人家庭中，父親的領導力常常就是那一千零一招：強勢、獨裁。但如果父親在家裡，只會強勢、獨裁的領導風格，就算孩子乖順願意聽話，最大的缺憾，是他失去學習其他領導風格的機會。未來孩子在學校、職場裡，如果有機會成為領袖，在這瞬息萬變的世代，領導力不足，黔驢技窮，部屬肯定會一個個離開。

既然爸爸身為孩子人生的第一個老師，不妨就以身教來示範不同的領導風格，幫助孩子將來都能成為優質的領袖（表39.1）！

表 39.1
父親六種不同的領導風格

領導風格	正面例句	優點	可能犯的錯誤
願景型	讓我們一起擁有成長性思維吧！	凝聚家族共識，產生歸屬感	膚淺的讚美，流於空談
教練型	你試試看這樣做，有效哦！	產生對父親的信任感與崇拜感	插手干預，成為直升機父母
關係型	讓我們一起來想辦法。	引導產生思考的習慣，進而擁有成就感	流於空泛的關懷
民主型	你們覺得呢？	釋放權力，讓孩子滿足掌控欲望	心不在焉，沒有擔當
進度型	我們就照這個課表進行。	讓孩子能有所依歸，建立安全感	生活乏味，沒有彈性
命令型	不要問，聽我的就對了！	危機時快速解決問題	高壓領導，孩子失去思考能力與親密關係

願景型父親

願景型父親最會信心喊話，總是可以激勵家人。他帶給孩子品格教育，帶給家庭願景與方向，在這樣共同信仰的氛圍之下，對孩子的心態成熟非常有幫助。

美國有許多研究發現，中輟生最大的問題，不是家境富有或貧窮，而是沒有繼續向前努力的品格與動機。而願景型的父親，正是幫助孩子擁有「恆毅力（grit）」的關鍵人物。

願景型父親要避免一個顯而易見的盲點，就是不要只會唱高調、畫大餅，卻從來不身體力行。此外，更要學會我們第一章提過的「正確稱讚孩子三部曲」，不可以整天給孩子膚淺的讚美，而是要激賞他的努力，以及其背後的人格特質。

教練型父親

教練型父親最正面的例句，就是：「你試試看這樣做，可能有效哦！」當孩子遇到挫折時，他會走過來拍拍孩子的肩膀，說：「來，我教你。」當孩子照著做，並且克服了困難後，心中就會建立起崇拜感，父親就是他的英雄！

要注意的是，一旦做過了頭，就是我們俗稱的「直升機家長（helicopter parent）」。孩子不管做什麼事情，連試都還沒試，父親就在旁邊指指點點，過度干預的結果，就導致孩子什麼都學不會。

關係型父親

關係型父親最像孩子的朋友，也最在乎親子關係，喜歡和孩子坐下來一起想辦法。他不像教練型父親，只用自己的人生經驗教導孩子，比較像是心靈導師，時常引導孩子思考，自己想出答案，進而建立孩子的自信心。

但是使用太多關係型領導的父親，可能會流於空泛的關懷，讓孩子感受不到指引，甚至可能因此失去長幼禮節，表現出對父母、長輩的不敬。這在華人社會中，是比較不被一般人接受的。

民主型父親

民主型父親不同於關係型父親，會將家庭決定統統付諸表決，多數人覺得好就照著做。他完全釋出決定權給家人。讓孩子有機會培養對家庭的責任感，並且從小就懂得尊重不同的聲音。這些能力對於現今多元化社會極為重要，能夠從小訓練是很幸福的。

不過如果凡事都投票表決，孩子可能會覺得父親沒有主見，沒有擔當，就好像空氣一般。尤其遇到需緊急決策的事情時，如果父親沒辦法一肩扛下，還要慌張詢問家人的意見，恐怕孩子對父親尊敬的心，最後會蕩然無存。

進度型父親

進度型父親是SOP達人，最愛追求標準作業流程，替孩子列生活進度表，每天照表操課，規律作息，是執行力最強的領導者。對孩子來講，這樣的父親雖然死板，但生活有規律，也會比較有安全感，不用緊張焦慮下一刻會發生的變化。

然而，要是家庭生活失去彈性，久而久之就會變得沒有生氣，讓孩子感覺乏味、無聊。這是進度型父親最明顯的缺點。

命令型父親

命令型父親就是華人家庭最熟悉的領導風格：獨裁、權威、不能頂嘴、不可違逆，只要乖乖聽話順服就好。

命令型父親並非一無是處，當家庭面臨危機時，一位有擔當、有遠見的領導者，確實可以快速帶領家庭走出困境。但在高壓的領導下，父親犧牲的是與孩子間的親密感，孩子們對命令型父親的愛，是不完整的愛，因為內心帶有懼怕。

還有一種比命令型父親更糟糕的情況，在大陸稱之為「殭屍型父親」，平常像死人一樣對育兒事物不聞不問，但突然發作時卻如殭屍般復活，處處指教，愛耍威風，這種父親真的很不討喜，最後難免成為家人疏離的對象。

六種領導力交互使用

根據哈佛大學的研究，在職場中如果熟練這六種風格，人生中有八七%的機率，能成為非常好的領導者。從這個角度來看，好好扮演父親的角色，真的是好處多多，不僅可以讓男人在家練習領袖氣質，還能將領導力傳承給孩子。

建立家庭的路上，我們一定會面臨千千萬萬個抉擇，每個抉擇都像是十字路口，要向左或向右轉。父親面對這些生活的選擇題，可以先不急著發言，靜下心來想一下，在此時此刻的議題上，應該採取哪一種領導風格？是該站出來表示「交給我」，或是退一步說「大家投票決定」？當孩子遭遇失敗時，是該趨前拍拍他的肩膀，問：「願意讓我來教你嗎？」還是換上運動褲，陪孩子打一場籃球？

當個勇於道歉的父親！

在孩子獨立離家之前，這為期十八年的「領袖訓練營」，父親很幸運的，可以有許多次失敗的機會。孩子不像職場裡員工會背叛你，不論你的領導力是好是壞，他的內心依然愛著你，也不會棄你而去，除非你嚴重傷了孩子的心。然而每次經歷失敗的領導後，父親們只要把握一個祕訣，孩子的心就會回歸向你，這祕訣就是「勇於道歉」。

英國著名影集《辦公室瘋雲》（*The Office*），其中飾演「賤老闆」的演員瑞吉·葛文（Ricky Gervais），因飾演此片一炮而紅。他把職場上常見「賤老闆」的特質，發揮得淋漓盡致，讓每個觀眾看了都會心一笑。其中最讓人咬牙切齒的橋段，就是賤老闆「永不道歉」，明明自己能力不足，時常決策錯誤，卻為了顧及面子，千錯萬錯都是別人的錯，藉口一大堆。反正要賤老闆道歉，好像是要了他的命一樣。

如果你也不欣賞這樣的老闆，那麼更不該在家庭中，變成這種討人厭的一家之主。爸爸做錯事，就跟孩子道歉；決策錯誤，也可以跟孩子道歉。而道歉時要真誠，比照第六章最後說過的道歉五步驟：表達悔意、承擔責任、願意補償、願意改變、請求原諒。

記得有一次，我兒子做完一張數學習題，洋洋得意的拿給我檢查，我勾出幾個錯誤，請他訂正完成。本來我覺得這只是一件簡單的事，沒想到兒子竟然踢了一下椅子，一臉氣嘟嘟、眼眶泛淚的模樣。我當下認為：「這孩子態度不佳，實在太不應該。」於是開始數落兒子知錯不改，逃避現實云云，而他更是嚎啕大哭。當天父子就這樣不歡而散，我整整一個小時，都處在憤怒的情緒中。

過了不久，我冷靜下來，開始試著同理兒子的情緒。我想起他是一個愛面子、完美主義的男孩，或許他不是在逃避，而是本來對自己信心滿滿，最後卻因為一些小失誤，以致結局不完美，所以生自己的氣。如果我當時有同理他生氣的原因，就不會給他貼上「逃避」、「知錯不改」的負面標籤了。

當天晚上，我為自己的情緒失控、大聲怒斥跟孩子道歉，並且問他是不是如我所猜測，因為完美主義的性格而難過？他點點頭。這事件過了幾天，孩子又完成了一份數學試卷，一樣又錯了幾題，眼眶也泛起淚。這次我做得很好：同理他的情緒，跟他一起難過，幫他擦乾眼淚。五分鐘兒子就恢復正常，花兩分鐘就把錯誤訂正完畢，前後一共不到十分鐘。然後，我們就出門去公園玩了。

從此我就知道，以後在相同的情境下，我兒子需要的是「關係型」父親，而不是「教練型」或「命令型」父親。而我因為願意和兒子道歉，發掘了他的內心，這也讓我成為更好的領導者。

婚姻家庭就像是一面照妖鏡，不論男人在外人眼中有多威風，多能呼風喚雨，在家人面前依然像光著身子，赤裸裸的被看穿內心。父親與其成天戴著面具，在孩子面前遮遮掩掩，還不如大方承認，自己也有許多脆弱的部分。《聖經》裡有一句話說：「我什麼時候軟弱，什麼時候就剛強了。」（林後12：10）勇於面對自己的軟弱，就是剛強的起點，這是我對父親們最後的共勉。

8

CHAPTER

是專注力不足，還是學習障礙？

「分心」、「不專心」，這些都是非常行為主義的用詞。如果父母們偏向行為主義學派，相信時常在不經意間，給某些孩子貼上類似「不認真、不用心」的標籤。

可是爸爸媽媽們可曾想過，難道孩子是自己選擇不專心嗎？是自己選擇考不及格，心甘情願被老師責難，甚至喜歡被同學嘲笑嗎？顯然不是。既然沒有人喜歡過這樣的生活，為什麼孩子們還是不斷犯錯，不斷在學習上糾結呢？

若你希望孩子在學習上能漸入佳境，千萬要留意，別讓負面言語傷了他的學習自信。接下來讓我們抽絲剝繭，從生理因素、學習障礙、情緒因素三個方面，探討孩子的學習困境。

40 影響專注力的生理因素：年齡、睡眠、運動、飲食、疾病

什麼是生理因素？簡單說，就是大腦受到身體狀態的干擾，以至於不能發揮最大的功效。生理因素影響學習力甚鉅，其中五項可能降低學習力的因素，分別是年齡、睡眠、運動、飲食、疾病，我簡單歸納出表40.1。接下來分別詳述各項因素。

專注時間，會依年齡增長而拉長

很多父母對孩子的專注時間，常有不切實際的期待，像是要求三歲孩子坐在餐椅上，專心吃飯半個小時，或者希望他完整讀完三本繪本等。

事實上，孩子的專注時間，會隨著年齡增長而漸漸拉長，以籠統的標準而言，孩子的專注時間，約莫是年齡乘以三。比如說，兩歲小孩的專注時間，大概最多是六分鐘，三歲的小孩最多九分鐘，以此類推。當然，這些數字並非金科玉律，每個孩子大腦發展時間各有不同，只是讓大家稍微有點概念而已。

對孩子專注時間有錯誤的期待，會帶來許多負面教養。舉例來說，帶孩子去吃喜宴，如果他的年齡專注時間最多半個小時，那麼在喜宴後半段開始坐不住、亂丟食物，這是必然的結果。如果父母事先什麼玩具都沒準備，也沒定時帶孩子走出會場散散步，一旦他開始胡鬧，爸媽就罵人，抓孩子到牆邊處罰，這就是常見的負面教材。

又比如說，現在幼兒的體能早教課程特別多，

表 40.1
影響孩子專注力的「生理因素」

關鍵項目	外顯行為	解決方法
年齡	不同年齡的專注力發展有相對應的持續限度	不是不專心，而是時候未到
睡眠	睡眠不足會導致專注力下降	充足睡眠、固定時間入睡，大腦才會長得好，並且提高專注力
運動	大腦血液灌流不足，容易感到昏沉	動得夠，才會學得好
飲食	食品添加物會使大腦混沌	拒絕零食、飲料，一週吃三次以上非大型的深海魚
疾病	過敏引起的身體不適，會讓學習力變差、專注力被打斷	除去居家過敏原，鼻炎使用類固醇鼻噴劑二至三個月

很多父母花了大把銀子，送孩子去玩兒童足球、兒童音樂、兒童體操。這樣做的本意，是希望孩子能喜歡上這些才藝，但一堂課下來要一個鐘頭，還沒進入尾聲，孩子已經失去專注力，聽不懂教練的指令，然後就不斷被罵。一個學期下來，孩子只會告訴爸媽：「我討厭足球。」這又是何苦呢？

尊重孩子年齡和他能專注的時間限度，這是關於專注力的第一個重點。

睡眠不足，導致學習惡性循環

睡眠不足，孩子肯定無法專心，我在第二章已特別提醒過這點。雖然熬夜對任何人健康都不好，但既然人類大腦約到二十歲才成熟，就算真的要熬夜，好歹也等大腦長好了再說吧！怎麼會在大腦最需要發展的兒童時期，經常熬夜而睡眠不足，讓腦子長不好呢？

還記得美國國家睡眠基金會的建議嗎？六至十二歲的小學生，每天需要十至十一個小時的睡眠，十二至十八歲的中學生，每天需要八．五至九．二五個小時的睡眠。許多青少年睡不到上述的時數，導致專注力下降，白天上課都在發呆；上課都在發呆，只好晚上去補習；晚上去補習，結果回家時間太晚；回家時間太晚，又造成睡眠不足；睡眠不足，學習力變更差，白天上課都在發呆……這是一個難以掙脫的惡性循環。

研究指出，孩子每天睡眠少一個小時，成績就可以從領先的前一〇%，掉到最後的九％。每天晚上睡眠少於六個小時的學生，連續五天之後，他的智力評量與專注度，跟連續四十八個小時沒睡的人，是一樣糟糕的。

再次強調，孩子的專注力與睡眠「完完全全正相關」，若你懷疑孩子有注意力不集中、過動症，先把他的睡眠時間固定，執行一段時間，再看是否仍有注意力不集中的情形。

運動不足，會讓孩子大腦昏沉

很多人認為專心的定義，就是一個人坐在書桌前，打開一盞燈，低頭讀書，那才是專心，其實這是錯的。美國德州農工大學曾經執行過一項計畫，他們把小學生班級的課桌椅，從矮椅子統統改成高腳椅，期望藉由這個小改變，可以讓小孩「動一動」，不要整天老是坐著。

追蹤一年後他們發現，當矮椅子變成高腳椅之後，這些孩子們在課堂上的專注時間，竟然可以增加七二％，也就是差不多每個小時多了七分鐘的專注力。當這些孩子保持高度專注力時，他們會舉手發問、熱烈討論或回答問題，總之不是在發呆或放空就是了。這樣的上課氣氛，老師們都十分高興，學生也很開心，皆大歡喜。

美國佛蒙特大學的另一項研究，是讓幼兒園的孩子們，一半在上學之前，先去跑馬拉松、踢足球，從事激烈運動三十分鐘，然後再進教室；另外一半則是進行靜態的繪畫或桌上勞作，再開始一天的學校生活。經過三個月的觀察，這些以激烈運動開始一天的孩子們，不論專注力、情緒控制、過動症狀，甚至反抗頂嘴的問題，都有明顯的改善。他們的進步不只在學校，連家裡的父母也都感受到，孩子變得更專心了。

人在手動腳動的同時，大腦的血液灌流比較充足，這樣可以「喚醒」大腦，讓人重新進入專注的狀態。因此，在傳統的教室裡，孩子必須規規矩矩的坐好，不可以隨意走動，這反而是讓大腦昏沉的因素之一。

運動可促進兒童記憶力、專注力、學習力等智能的研究，過去這十幾年來早已汗牛充棟，並不是什麼大新聞了。美國很多中小學，也開始嘗試將學習與運動結合，不論是運動與學習交錯，還是一邊運動一邊學習，成效都遠大於整天坐在教室裡的結果。

我想起以前讀書的時候，老師常取消體育課，改為考試自習，或是讓調皮的同學不准下課活動，這樣的做法現在回顧起來，還真是反科學。

垃圾食物，可能導致孩子過動

吃零食、喝飲料，攝取這些垃圾食物，都會影響人的專注力。這是因為零食中的人工色素、防腐劑，會讓孩子大腦變得渾沌，不管是再聰明的小孩，只要攝取這些垃圾食物中的化學物質，大腦或多或少都會混亂起來。

二〇〇七年《刺絡針》（*The Lancet*）雜誌刊登的一項研究顯示，平常沒有過動症狀、三至九歲的兒童族群，只要喝了含有食用色素或苯甲酸鈉防腐劑的飲料，都會惡化其過動症狀。

奧勒岡健康與科學大學（Oregon Health and Science University）的學者，於二〇一二年做了一項綜合整理，統計了多年來，一共三十四篇食品添加物與過動症相關的研究。總體來說，有過動症狀的兒童，若減少攝取食品添加物，有將近三三％會達到症狀的改善。所以說，為了提升專注力，還是快點戒掉讓孩子吃垃圾食物的習慣吧！

至於是否有增進專注力的食物？答案是肯定的，就是「吃魚」。一般醫師的建議是，一週吃三次以上的深海魚，就可以攝取到足量的Omega-3不飽和脂肪酸，如：DHA、EPA等，而這可能是吃魚能改善專注力的原因之一。但現在由於海洋汙染太嚴重，吃魚的時候，要避開可能含汞量過高的鯊魚、鮪魚、旗魚等大型魚類。

生病不適，影響學習表現

很多孩子不專心的原因，是身體疾病所造成的，比如：過敏性鼻炎。如果你的孩子早上起來打噴嚏，整天鼻子都塞住，上課張口呼吸，晚上睡覺引發睡眠呼吸中止，導致大腦慢性缺氧，學習力自然變差，看起來就會像不專心的孩子。

過敏性鼻炎絕對治得好，可以去看我的《從現在開始，帶孩子遠離過敏》，書中有詳細解釋。家長可以挑選最重要的二件事先做：第一，除去環境過敏原（使用防蟎床罩）；第二，使用類固醇鼻噴劑兩至三個月。鼻子暢通了，睡眠品質就會回來，腦袋也跟著清醒，專注力當然會一併獲得改善。

孩子的過敏症狀，除了鼻炎外，可能還有其他病症，比如：慢性皮膚炎的搔癢難耐，氣喘不斷咳嗽等，這些身體不適的情形，都會打斷孩子的專注力。至於聽力障礙、視力障礙，這些與「耳聰目明」相關的疾病，就在下一篇「學習障礙」中一併討論。

41 學習障礙：外來訊息無法輸入、大腦無法良好運算、學習成效無法輸出呈現

在本書第五章時，我提過一位有學習障礙的十一歲女孩，小學畢業了還寫不出幾個中文字，也無法閱讀繪本給弟弟妹妹聽。資源班老師幫助她六年，媽媽用過各種嚴厲的管教方式，姊姊也熱心督促她念書，卻仍然救不回她的學習障礙。

女孩的智力測驗並不算太差，那些曾經教過她的人，每個都說：「這孩子就只是不用心，不肯努力。」然而，卻沒人發現，她罹患了「中樞聽知覺處理異常」這疾病。

學習密碼：聽、說、讀、寫、算

現在你正在讀著這本書，眼睛快速掃過文字，在短暫的閱讀過程中，我想表達的意思，就可以進入你的大腦。但是同一本書，交給不會中文的外國人，就算智商一八〇，一樣看不懂。對外國人而言，中文就像是符號密碼，必須一個一個字解密，才能理解背後的意義。而能了解中文的我們，究竟從小是如何學會「中文」的文字密碼呢？答案是靠

「聽、說、讀、寫」這四個步驟。

學齡前兒童，是用「聽、說」的方式，了解語言的密碼。比如說，一個嬰兒常常聽到家人說「ㄆㄧㄥˊ ㄍㄨㄛˇ、ㄆㄧㄥˊ ㄍㄨㄛˇ」，透過觀察，他猜想這個聲音，可能代表一種紅色的、圓圓的、吃起來酸酸甜甜的水果。有一天，他試著對媽媽說出「ㄆㄧㄥˊ ㄍㄨㄛˇ」這個詞彙，媽媽聽到了，立刻拿出那紅紅圓圓的水果削給他吃。哇！這實在是太方便了，以後想要吃紅紅圓圓的水果，不再需要比手劃腳，只要說出「ㄆㄧㄥˊ ㄍㄨㄛˇ」這個通關密碼，就可以快速吃到它。從「聽」到「說」，嬰幼兒漸漸解開中文密碼的前半段。

等上小學後，老師在白板寫上「蘋果」二字，並從嘴裡唸出「ㄆㄧㄥˊ ㄍㄨㄛˇ、ㄆㄧㄥˊ ㄍㄨㄛˇ」。孩子聽到「ㄆㄧㄥˊ ㄍㄨㄛˇ」的聲音，眼前看到「蘋果」二字，想到紅紅圓圓的水果，三者劃上等號，瞬間「形體、語音、文字」合而為一，「蘋果」的文字密碼就此解開。

從上面的描述可知，一個孩子能夠「聽、說」中文，基本上已經花了好幾年的工夫，等到進入「讀、寫」中文，又需要更複雜的大腦運算。加上數學的「算」也是必備能力，因此在「聽、說、讀、寫，算」這五項學習力中，只要其中一個功能出現障礙，他的學習就會比其他人困難。若能早期發現，早期介入，換一種方式學習，較能確保學習成效。

了解五項學習力後，可再依孩子的困境，將學習障礙分為三種：外來訊息無法輸入、大腦無法良好運算、學習成效無法輸出呈現。我先歸納出表41.1，接著分別詳述。

表 41.1
影響孩子學習的三種障礙

學習障礙	關鍵項目	外顯行為	解決方法
外來訊息無法輸入	聽力障礙	音韻覺察不佳、聽覺理解弱、易誤解他人說話內容、類似詞語分辨不清	進行聽力檢查，轉介耳鼻喉專家和聽語治療師
	視力障礙	追視能力差	到眼科進行視力檢驗，配戴眼鏡矯正
	中樞聽知覺障礙	聽力檢查正常，但和聽力障礙一樣，聽覺理解弱、易誤解他人說話內容、類似詞語分辨不清	搭配視覺圖像輔助學習，轉介聽語治療師
	中樞視知覺障礙	閱讀障礙、讀寫困難	先聽後讀、把字體放大、拆部件識字
大腦無法良好運算	注意力不集中過動症	多巴胺分泌不足，造成注意力不集中、過動及個性衝動	藥物、行為、認知治療多管齊下，幫助孩子穩定外顯行為
	數感不佳	無法透過直覺來練習算數	耐心陪伴圖解題目、了解題意，逐步找出解題訊號
	智能障礙	發展遲緩、學習落後	給予早期療育，提升獨立生活、自我照顧能力與社會適應能力
學習成效無法輸出呈現	大小肌肉發展慢	肌肉張力不足，以致感覺統合不良	到醫療機構協尋職能、物理治療師，透過遊戲平衡與肢體協調，同時鍛鍊肌力

外來訊息無法輸入：聽力、視力、聽知覺、視知覺

一個孩子如果在學習時，「聽」和「讀」這二個步驟出了問題，就歸類為外來訊息無法輸入的學習障礙。

聽力與視力檢查

父母在期待孩子聽得好、讀得懂之前，應該先讓醫生確定一下，孩子的聽力和視力是否發展正常。

舉例來說，在過去的時代，「聾」就等於「啞」。嬰幼兒時期的聽力損失，等於斷送了孩子所有的學習，語言無法發展，遑論其他知識的吸收。幸好我們已經進入二十一世紀，新生兒聽力篩檢，屬於現代醫學基本的檢驗項目。新生兒階段就聽力受損的孩子，應立刻轉介耳鼻喉專家及聽語治療師[5]，挑選適合的助聽器，或者更先進的輔具，以幫助孩子從出生就聽得見。

但也有少數的孩子，出生時聽力篩檢正常，隨著年齡增加，會漸漸發生聽力受損，可能是單側，也可能是雙側。如果你的孩子在生活中常發出「嗄？」的聲音，或者你的直覺認為，孩子聽人講話時，常錯誤解讀別人的話，可能是「褲子、簿子、肚子」這種類似的詞彙分辨不清，請去給醫生檢查聽力，若真的發現異常，則積極介入治療。

註5

「聽語治療師」專門訓練因聽力異常而影響語言的孩子；「語言治療師」治療各年齡的語言障礙（包括老人中風）；「聽力師」只負責檢查聽力。這三種職業在專業部分有所重疊，但各司其職。

除了聽力檢查之外，視力檢查也同樣重要。孩子如果常出現聯絡簿抄不完的情形，請家長先別急著罵人，快去找醫生檢查視力，搞不好這是因為他已經近視了，看不到黑板上的字，而「聯絡簿抄不完」只是行為表徵。經過視力矯正之後，學習障礙的難題自然就被解決。

聽知覺障礙

簡單的聽力、視力檢查做完，如果都是正常的，但孩子還是常問：「嗄？你說什麼？」又該怎麼辦呢？

本篇開頭提到的那個十一歲女孩，跟媽媽相處一整天，大概會說超過十次的「嗄」，常分辨不清「褲子、簿子、肚子」，而且電視總是開很大聲，好像罹患重聽的老人。

這種聽力檢查正常，表現卻像失聰的孩子，診斷可能歸類於「中樞聽知覺處理異常」，或簡稱為「聽知覺障礙」。這些孩子耳朵的聽力正常，智商也沒問題，問題卻出在大腦與耳朵中間的「郵差」。

當說話聲音進入耳朵後，訊息必須經由類似郵差角色的「神經傳遞系統」，把訊息送到大腦皮質。而有聽知覺障礙的孩子，就是「郵差」不斷打瞌睡，很難叫醒，以致常讓人感覺有聽沒有到，天天都像魂遊象外。

有聽知覺障礙的孩子，大致有以下特點：

1. 無法辨別聲音從哪裡來。如：明明鬧鐘在房間響，他卻跑到客廳找。
2. 電視音量開很大，才能聽懂角色間的對話內容。
3. 無法辨別音韻的差異。如：褲子、簿子、肚子，傻傻分不清楚。
4. 環境一嘈雜就分心。如：只要教室有噪音，上課就一定發呆。
5. 大腦處理聲音的步調太慢。如：當有人說笑話時，他總是最慢笑的那一位，俗稱「恐龍大腦」。
6. 老是記不住同學的名字。如：整天說：「那個誰誰誰。」
7. 從小說話就顛三倒四，倒裝句、倒裝詞特別多。
8. 非常沒音樂天分，基本上是個音痴。

聽知覺障礙的孩子，弱點在於「聽、說」，但是他們的強項在於視力。因此，要帶領這群孩子學習任何東西，需要大量的圖片幫助記憶。甚至可以說，罹患聽知覺障礙的孩子，應比照聽障孩子來教學，找聽語治療師幫忙，因為他們最了解聽知覺障礙的困境。具體而言，我們可以這樣做：

1. 必須讓他在安靜的環境裡學習。

2. 說話音量提高，速度放慢，字正腔圓。

3. 等待他回應的時間要有耐心，要「非常」有耐心。

4. 給予指令的時候，盡量用圖示、文字、便利貼、手勢來下指令，如果要用說的，最好只給一個口語的指令，多了他就會忘。

5. 上課的時候，他們可能需要跟聽障孩子一樣，配戴專門的FM擴音耳機上課，讓老師的講話能更大聲的進入耳中，比較不會有被噪音干擾的問題。

聽知覺障礙的孩子並不少見，根據國外的統計，約有二至五％的盛行率，男孩為女孩的二倍。再說一遍，二至五％！你可以想像一下，有多少聽知覺障礙的孩子，因為聽力檢查正常，因此被貼上「不用心、不專心」的標籤，常被嫌笨，或者被診斷為注意力不集中過動症，或泛自閉症候群，然後被投予藥物。

這些孩子因為沒有外顯疾病，診斷需要專業的聽語治療師協助，執行中樞聽知覺行為評估，這包括了行為及電生理的檢測等。這些檢查在歐美已經開始建立，但還不普及，很多醫生甚至沒聽過這種疾病。如果你的孩子有類似狀況，可以找有在治療學習障礙的語言治療師，或者幫助聽障兒童學習的聽語治療師，尋求專業的協助。另外也有某些學習障礙的家長團體，可以幫助孩子找到適合的特教資源。

這些孩子可能有繪畫、美術的天分，家長可以從這部分著手，幫助孩子找回自信心。當然，家長也要同時受訓練，磨一磨自己的耐心，學會怎麼跟這樣的孩子溝通，因為即使到了成年，可能仍有人持續被此疾病困擾。

視知覺障礙（閱讀障礙）

剛才提到聽知覺障礙，是耳朵聽了卻沒有懂，而現在要說的「視知覺障礙」，就是眼睛看了卻沒有懂，俗稱「閱讀障礙」。同樣的概念，視知覺障礙孩子的視力正常，智商也沒問題，問題卻出在眼睛與大腦中間的「郵差」，以及大腦接收訊號後處理不良。

有視知覺障礙的孩子，大致有以下特點：

1. 人臉辨識不佳，而且不太會分辨表情，以致個性有點自閉或白目。
2. 今天教過的字，隔天就忘記了。
3. 文章如果唸給他聽，可以很快背起來，但讓他閱讀，則永遠記不住。
4. 閱讀時會漏字、跳行。玩桌遊或大富翁時，常常數錯走幾格。
5. 寫字像是在畫畫，完全沒有筆順概念，而且寫字上下左右會顛倒。

如果你無法理解視知覺障礙孩子的學習困境，現在可以試著體驗一下：閱讀本書時，把燈光盡量調暗，暗到幾乎看不見的程度。在如此昏暗的燈光下，試著閱讀並理解我寫的內容，或試著用嘴巴讀出句子，你一定會覺得很吃力。

沒錯，這些孩子在讀與寫的時候，感覺就是這麼吃力，他們的視力雖然正常，在閱讀時卻不太管用。閱讀障礙、讀寫障礙、視知覺障礙，這些問題通常都是一起發生。陪伴這些孩子，要善用他的優點（聽知覺非常敏感），並且迴避他的缺點（視知覺非常遲鈍），增強學習的效率。具體而言，我們可以這樣做：

1. 學字的時候，先將合體字拆解為不同的「部件」，然後像拼圖一樣，讓孩子對文字的部首、部件愈來愈熟悉，慢慢學會「有邊讀邊，沒邊讀中間」。
2. 把文字放大影印，讓字體變大，幫助視知覺障礙的孩子「喚醒大腦的郵差」。
3. 一篇文章請家人朗讀、錄音，讓孩子先聆聽幾遍錄音內容，聽熟後再閱讀。這種做法可以幫助孩子，更快享受閱讀之樂。
4. 利用指字唸讀，或者用不透明尺將其他行文字遮住，避免干擾。
5. 習字時，要孩子遵照筆劃順序，反覆練習，成為反射動作。
6. 若需繳交報告、書寫作文，可以請老師調整為口說作文，或用語音輸入、電腦打字等替代書寫的方式。

7. 可以依照法律，由家長、老師、特教老師、醫師、其他學習障礙專家，開會擬定「個別化教育計畫（Individualized Education Program）」，比方說，考試時由他人口說題目，讓學生用口語或電腦打字回答。

剛剛提到，視知覺障礙的孩子，常是閱讀障礙合併書寫障礙，他們光「認字」就要比別人多好幾倍的時間，還要反覆練習筆劃順序，真的太不公平了。其實在二十一世紀的今天，幾乎所有文字都能用電腦輸出，用手書寫真那麼重要嗎？這是我個人提出的反思。

中文字是世界上極少數的象形文字，學習門檻高出拼音文字許多。對視知覺障礙的孩子而言，與其投注大量時間練習書寫，不如提早使用電腦打字或語音輸入，以減少學習的挫折。

找到孩子的優勢能力

我們都知道老鷹和海豚的不同，老鷹是空中高手，海豚是游泳專家，二種動物各有其優勢所在。但如果你想把老鷹教成游泳專家，或者把海豚丟到空中飛行，就算請再厲害的教練，注定都會失敗。

學習障礙其實就是這樣，對孩子來說，這些聽知覺或視知覺的問題，是永久存在、無法「治癒」的障礙。既然是無法治癒的問題，我們就不要妄想，以為孩子經過嚴格的訓練，就能跟其他孩子一樣，用相同的方法來學習，這是錯誤的期待。

如果把學習比擬為「從A出發點走到B終點」，即使其他孩子都是從A點「飛行」到B點，我們應相信「勤能補拙」這句成語，盡力幫助孩子從A點「游泳」到B點，並忽視其他人在天上飛的事實。其他孩子用飛的或許比較快，但是我的孩子用游的，一樣可以到達終點，一起享受知識增長的快樂。這才是學習的目的，不是嗎？

聽知覺障礙的孩子，優勢在於視覺，如果他喜歡畫畫、蓋房子、球類運動，家長就該全力幫助孩子，朝著視覺的優勢發展；而視知覺障礙的孩子，優勢在於聽覺，家長則可以陪孩子學音樂，發展口語能力。這就是適性而教的做法。

幫助有學習障礙的孩子，找尋課業以外的一技之長，這是非常必要的協助途徑。但在尋找的過程中，家長也要尊重孩子的興趣，了解他的優勢所在，才不會變成提油救火，弄巧成拙。舉例來說，大家都希望學習障礙的孩子，跟著蕭敬騰一起成為音樂家，但如果孩子是屬於「聽知覺障礙」，基本上就是個音痴，讓他學音樂只會更痛苦，結果得到雙倍的挫折感。

大腦無法良好運算：注意力不集中過動症、數感不佳、智能障礙……………………

在此複習一下本篇開頭的內容，學習障礙有三種困境：外來訊息無法輸入、大腦無法良好運算、學習成效無法輸出呈現。

我花了大半篇幅，介紹「外來訊息無法輸入」的部分，因為這些孩子實在太容易被誤解，被傷害，被錯誤的對待。真的期望所有的老師與家長們，能用新的眼光來看待學習障礙的孩子，不要再給他們貼上負面標籤。

接下來我們要談第二個學習障礙，也就是「大腦無法良好運算」。

注意力不集中過動症

有關注意力不集中過動症的診斷，目前還沒有比較科學化的指標，做為黃金的診斷標準，比如說：大腦攝影、抽血檢查等。

現在一般對注意力不集中過動症的診斷，還是比較偏行為主義的精神，用許多外顯行為來判斷，並且搭配全世界通用的《精神疾病診斷與統計手冊》（DSM）量表，做為醫學上的診斷。

過動症的確存在，這些孩子的大腦皮質，成熟速度較同年齡孩子緩慢，掌管專注力、動作、衝動的能力，大約慢了同齡孩子約二至四年。他們大腦裡叫「多巴胺

（dopamine）」的神經傳導物質，在控制前述能力的大腦區塊，顯然有不足的現象，所以才會出現注意力不集中、過動、個性衝動的狀況。

關於注意力不集中過動症，應該怎麼處理，我會在稍後的篇幅敘述，大家可以先知道這疾病，是被歸類在學習障礙「大腦無法良好運算」的範疇。

數感不佳

學習障礙類型中，有一種特別的孩子是「數學障礙」，也就是「聽、說、讀、寫、算」的最後一個「算」出現問題。他們的數感極差，像是看到桌上的蘋果，很難建立直覺，無法看一眼就知道有幾顆，必須一顆一顆點數，才能說出答案。

但數感並不是一輩子都固定不變，而會隨著年齡進步。我曾經在網路上看到，有父母教三歲孩子乘法，想證明自己的孩子是神童，結果家長累得要命，小孩哭得要死，這些人真的是蠢蛋父母。

根據皮亞傑（Jean Piaget）的認知發展階段，七歲之前的孩子，仍處於所謂「前運思期（preoperational stage）」，他們甚至還不了解「四加八等於十二」和「十二減八等於四」是同一回事。父母根本無須揠苗助長，等孩子到了七、八歲，再來教他加減乘除，大概沒幾天就學會了，事半功倍，而且成就感更高。

當然，還是有些孩子，真的有「數感不佳」的學習障礙，學習速度比一般人緩慢。這時不妨用以下提供的一些方法，幫助孩子建立基本的計算能力：

1. 允許他用手指頭點算。
2. 大量使用數學教具。
3. 讓他使用有格線的計算草稿紙，計算時比較不會思緒混亂。
4. 使用不同顏色的鉛筆，用以區別不同的計算式。
5. 將口訣兒歌化。
6. 在電腦上「玩」數學。

數感不佳的孩子，需要比其他孩子做更多計算練習，但整天面對枯燥的紙和筆，長期下來一定會失去耐性。所以在陪伴這些孩子時，除了上述方法外，不一定要讓孩子在書桌前練習，而是在生活中，隨時隨地尋找算術的機會。

比如說，買東西時可以讓孩子練習，將每項商品的價格相加，看總數是多少，或者在分配玩具和食物時，讓孩子想一想，怎麼分配才會對大家都公平。這些生活中的數學練習，都可以縮短孩子坐在書桌前的乏味時光。

有些孩子解題時，連數學題目都看不懂，特別是那種生活應用題。對此家長要更有耐心，陪伴孩子拆解題目與理解題意，像是帶著孩子把題意畫出來，逐一尋得每個題目要找的答案。這些學數學的過程，其實和一般孩子的方法一樣，只是需要更多的耐心而已。

智能障礙

最後一類運算困難的孩子，則是比較明確的智能障礙兒童。這些孩子從學齡前開始，就已有各種發展遲緩的問題，並且合併其他早產、感染、基因異常、遺傳等病因。

智力測驗一般使用標準化的智力測驗（例如：魏氏幼兒智力量表、魏氏兒童智力量表）來評估，診斷標準是低於平均值二個標準差，也就是七十分以下。這些孩子的早期療育目標，是提升其獨立生活能力、自我照顧能力與社會適應能力，已經不會苛求他們學習上的成效。

學習成效無法輸出呈現：大小肌肉發展慢，感覺統合不良……………………

有些學習障礙的孩子，外來訊息輸入沒問題，大腦運算也沒問題，但是作業常常寫不完。這些孩子的痛苦，就可能是第三種學習障礙，即無法將學到的東西輸出呈現。最常見的診斷是感覺統合異常、肌張力不足等。

比如說，有自閉傾向的孩子，從小就安靜不好動，結果大小肌肉都沒有練習到，整天駝著背，用下巴撐在書桌前。因為缺乏運動，導致他的肌肉張力明顯不足，寫字的小肌肉使不上力，才寫二個字就覺得好累，手好痠，想要休息。在這樣的情形下，作業怎麼可能寫得完呢？

其實不只是自閉傾向的孩子，現在很多都市兒童，從小運動量就不足，大小肌肉發展慢，以致感覺統合不良的孩子，真的愈來愈多。

預防的方法也很簡單，父母可利用各種機會，帶孩子去跑跑跳跳，從小鍛鍊肌肉，就不會到了要寫字時，才發現孩子沒力氣。至於手指的小肌肉訓練，可以從一般家事中進行，例如：剝蝦殼、剝葡萄皮、練習用筷子、扣扣子……總而言之，就是少幫孩子「服務」，凡事讓他慢慢自己做。

在醫療機構中，也有職能治療師、物理治療師可以幫助孩子，藉由遊戲中找回本體感覺、平衡與肢體協調，並且鍛鍊肌力。一旦肌力訓練起來，握筆有力氣了，寫字變快，自信心也跟著建立起來，以後就不會再寫不完作業了。

42 情緒因素影響學習：三種毒性壓力（習得的無助感、家庭創傷、校園霸凌）

要增強大腦的學習力，除了前述的生理因素、學習障礙之外，還有一個最、最、最、最重要的，就是不能給孩子過多的「毒性壓力」。請大家一定要多次複誦這句話：「在毒性壓力下長大的孩子，不僅當下的學習力變差，甚至一輩子的學習力都會受到影響。」

孩子的大腦很脆弱，而毒性壓力可能來自家庭創傷，也可能來自校園霸凌，更常見的是來自學習挫折（表42.1）。即使是身體健康、耳聰目明的孩子，長期處於毒性壓力之下，學習障礙比率將會大幅升高。更不用說那些本來就有學習障礙的孩子，被老師、家長用錯誤的方法催逼，多重壓力之下，更容易養成「習得的無助感」。

學習挫折：「習得的無助感」，孩子需要被接納

我在第一章提過「習得的無助感」，用心理學家塞利格曼的動物實驗解釋，若父母或老師在教導時操之過急，把超過孩子能力的要求加在他身上，最後孩子會因為反覆的失

敗、挫折、困惑、找不到規律，養成「習得的無助感」，學習欲望完全被澆熄。

在我曾經見過的個案中，許多孩子已上了小學，但是學習欲望極為低落，對生活一點熱情也沒有。經過我的解釋後，父母們都很後悔，承認自己在孩子學齡前，給了太多超過孩子能承受的學習規畫。

那麼，我們有可能破除孩子習得的無助感，讓他重拾學習的熱情嗎？答案是「可能」。關於這點，可以參考芝加哥大學教授卡米爾・法林頓（Camille Farrington）的方法（圖42.1）。

表 42.1
影響孩子情緒的三種毒性壓力

壓力來源	特徵	解決方法
學習挫折	反覆的挫折，造成「習得的無助感」，從而失去學習動機	建立歸屬感，任務由淺入深，產生自信心，產生內在動機
家庭創傷	因父母的辱罵、家庭疏離、父母離異、家庭暴力等因素，產生學習或行為問題	使用科學的親子溝通方法，讓孩子有穩定的家庭氣氛
校園霸凌	孩子「長時間、持續」受到身體和言語攻擊，霸凌者是同學或老師	藉由親師溝通，停止孩子在學校或社群網路中所受的霸凌。若學校公權力不彰，請考慮轉學

圖 42.1
卡米爾・法林頓破除孩子習得的無助感四方法

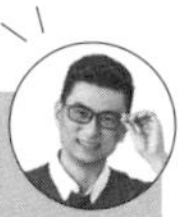

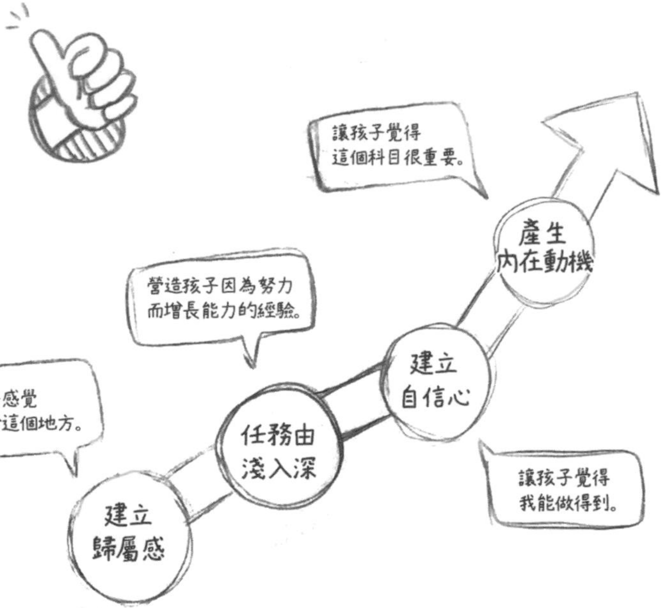
先讓孩子感覺
自己屬於這個地方。

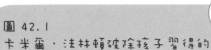

這四個方法是有順序性的，換句話說，要讓已經失去學習動機的孩子，重新步上軌道的關鍵，第一步驟是在學習團體中，找回自己的歸屬感。

我有一位個案，這孩子在原本的學校，因為成績不好被同學嘲笑，老師不僅沒能力處理，還跟著落井下石，對著家長抱怨孩子調皮，干擾到其他同學上課。後來媽媽懇求校方讓她孩子轉學，來到另一個老師的班級。

非常幸運的，這位導師既專業又有經驗，她成功營造同學之間的合作氣氛，讓這孩子被新環境接納，有了歸屬感，情緒也穩定下來。在新班級的兩年之中，孩子的老師仿照法林頓的方式，替他制定個別化的作業。透過由淺入深的學習模式，孩子逐漸建立起自信心。不僅成績慢慢回到正軌，還聽從老師的建議，每週末打電話給奶奶噓寒問暖。媽媽說這孩子跟過去的時光相比，簡直是判若兩人。

然而好景不常，兩年之後又換了班導師，這次孩子融入團體不那麼順利，新老師也不再給予個別化的作業，設定全班一視同仁的標準。這孩子過去兩年建立的自信心，又被打回谷底，那些注意力不集中、過動、衝動的行為，又慢慢上身了。我看著這孩子六年來的變化，感觸良多，這就是教學現場的困境。不論是老師、孩子或家長，大家都很辛苦，尤其是這些容易產生習得無助感的孩子，更格外需要謹慎呵護。

家庭創傷：孩子學習力高低，取決於家庭氣氛

我在本書的第一章，曾經介紹過「童年家庭創傷指數」。社會心理學家利用問卷，列出童年時家庭可能引發毒性壓力的因子，讓人勾選出來，比如：父母的辱罵、家庭疏離、父母離異、家庭暴力等，計算出最後分數（請見第二十二頁）。這分數不僅可以預測這個人未來的身心健康狀況（包括肥胖、抽菸、糖尿病、心臟病、癌症等），也可以預測孩子未來的學習力。

美國兒科醫師娜汀・哈里斯（Nadine Harris）本身來自破碎的家庭，所以她對「童年家庭創傷指數」與「學習力」的關聯性，特別的有興趣。她的研究發現，童年家庭創傷指數若在四分以上，未來孩子上學之後，有五一％會產生學習或行為問題。另一項哈佛大學的研究也顯示，在不穩定家庭長大的孩子，較不容易申請到大學獎學金，而且高中輟學的比例，比一般人高出六倍之多。

我刻意把學習力這主題，放在本書的後半段。如果你是從頭開始閱讀，看到這裡，應該可以回想起我在本書一而再、再而三強調的觀念：讓親子的愛裡沒有恐懼。童年家庭創傷指數的研究、依附理論的研究、習得無助感的研究、成長性思維的研究、學習障礙的研究……這麼多科學的證據，顯然都指出一個事實：華人習慣的恐懼式教養／教育方式，真的該被淘汰了！

至於該如何讓孩子有穩定的家庭氣氛？可以參考我在第五章舉出許多親子溝通的方法，例如：父母應謹記「七比一原則」，每說一句規勸的話，就要補上七句鼓勵的話；對於孩子的提問，請全神貫注回應；忽視無傷大雅的調皮搗蛋，溫柔而堅定的，規勸少數嚴重犯規行為；建立規律的生活步調。

在接下來的第九章，我也會提供有關幸福婚姻的科學處方，教大家如何經營夫妻感情，讓家庭更加穩固，對孩子成長也更好。

校園霸凌：了解孩子的交友與學習

我們常會看到專家說：「如果孩子突然成績變差，突然不喜歡上學，晚上做惡夢，要小心可能在學校被霸凌了。」沒錯，校園霸凌也是影響學習力很重要的因素之一。

我在第六章有說過，霸凌指的是一種長時間、持續的心理恐懼。受害者在心理、身體和言語遭受攻擊，且因為和霸凌者權力、體型不對等，不敢或無法有效的反抗。由此可知，校園中的霸凌者要不是長得很壯碩，就是同儕間的意見領袖，或者是孩子社群網路中的管理員。

如果孩子願意告訴你，他被欺負，被霸凌，事情就好解決了。前面我也提到，孩子在學校被欺負時有二種情況：公權力有效（老師很罩）與公權力無效（老師只會敷衍）。公權力有效的情況下，可藉由親師溝通，讓孩子在學校或社群網路中，不再被這霸凌者予取予求；但在公權力不彰的校園環境中，霸凌就比較難處理。

不過回到被霸凌孩子本身的特質，通常都比較缺乏自信，家庭的支持系統也比較薄弱。而這也呼應了第七章提過的麥基爾大學研究：「父母陪伴孩子吃晚餐」的頻率愈高，孩子「在學校遭遇霸凌」後，心理疾病的發生率愈低。

一週和父母一起吃二天晚餐的孩子，和幾乎沒有過全家一起晚餐的孩子，在心理疾病發生的機率上相差了一倍！因為孩子在家庭中，知道父母會無條件的支持與包容他，他的自信心就會提升，在學校遭遇霸凌，心理比較不會受影響。

但是別忘了，霸凌是「長時間、持續」受到身體和言語攻擊，而且霸凌者與受害者之間「權力」不對等。因此，最容易符合霸凌條件的人，就是只會威權式教育，整天羞辱與體罰孩子的老師。

老師在學校裡是掌握權力的人，有能力長時間、持續的，對學童施以言語和肢體傷害。即使不使用體罰的老師，依然能用其他非肢體方式來霸凌孩子，比如：貶低孩子的言語、用情緒性字眼辱罵、跟手足做比較、連坐法處罰全班、刻意營造同儕的壓力、讓孩子被排擠、放任孩子被同學霸凌等。大人要霸凌孩子，能使用的招數很多，但背後所反映的，其實是教學現場的挫折感與無力感。

我曾經輔導過一位媽媽，她的孩子情緒時常不穩定，學習也出現障礙，不想上學，一問之下，都和老師太凶有關。後來她聽我的勸告，幫孩子轉學了。以前上學哭哭啼啼，常做惡夢；現在換新老師，每天開心上學，甚至週末還說：「真希望沒有放假。」

容我再說一次，孟母三遷實在是最有智慧、最符合科學的教養方針。遠離失能的學校體系，以及遠離不適任的霸凌者老師，到一個孩子有歸屬感的團體，絕對可以讓孩子的學習狀態止跌回升。

43 注意力不集中過動症的診斷與處置

現在這個時代，應該每位家長都聽過注意力不集中過動症（Attention Deficit Hyperactivity Disorder, ADHD）。網路上可以輕易找到診斷注意力不集中過動症的量表，比如：DSM-5 診斷標準、SNAP-IV 評量表等，但我並不打算把這些診斷標準放進本書。

注意力不集中過動症，屬於排除性診斷

注意力不集中過動症的診斷，必須經過嚴謹的評估，經過半年觀察，在二個以上不同的團體中，有超過六項符合注意力不集中／肢體過動／個性衝動的行為，並且經醫師與心理師評估，排除其他疾病因素，才能歸類為注意力不集中過動症。家長自己在網路上勾選評量，然後診斷認為孩子有過動症，這在醫學上並非標準流程。

再次強調，對於注意力不集中過動症，理論上應該是排除性診斷，也就是說，當孩子有這些過動、注意力不集中等症狀時，應該先排除本章前三篇所列舉的生理因素（請見第

三四五頁）、學習障礙（請見第三五三頁），以及情緒因素（請見第三六八頁），努力幫孩子找出對症處理的方法。經過半年或一年的改變之後，如果孩子仍表現出注意力不足／過動／衝動，最後才會加上注意力不集中過動症的診斷。

但是反過來說，家長也別抱著鴕鳥心態，認為注意力不集中過動症不是病，不需治療自己就會痊癒。過動症的確是存在的，這些孩子的大腦皮質成熟速度，較同年齡的孩子緩慢，掌管專注力、動作、衝動的能力，大約慢了同齡孩子約二至四年。這是因為他們大腦中的多巴胺，在控制上述能力的大腦區塊有所不足，所以才會注意力不集中、過動或個性衝動。

國外有關兒童注意力不集中過動症的研究，實在多如牛毛，研究方向包括了病因的探索、更科學化的診斷、藥物介入的成效、社會心理學的影響等。總而言之，全世界很多專家、學者正在努力研究，試圖幫助注意力不集中過動症的孩子，與家人能有更佳的親子關係，保持孩童的自信心與自我認同，以免青春期過後，留下心理上的後遺症。

低年級班上年紀愈小，愈容易被診斷爲注意力不集中過動症……………………

特別提醒七、八月出生的小齡兒童家長，你家的孩子可能因為在班上年齡偏小，心智能力還跟不上老師的要求，而出現注意力不足過動症的情形！

最近芬蘭有篇大型研究，追蹤從一九九八至二〇一一年入學的小學生，收集一共六千多名被診斷注意力不集中過動症的孩子，統計他們的出生月分。結果顯示，年齡最小兩個月分的學生，相較於年齡最大兩個月分的學生，被診斷為注意力不集中過動症的機率，男生多出二六％，女生多出三一％！這篇文章刊登在等級相當高的《刺胳針精神病學》（*Lancet Psychiatry*）期刊。

不只是芬蘭，二〇一八年《新英格蘭醫學雜誌》（ＮＥＪＭ）所刊登的美國研究，同樣發現八月生的孩子，會比九月生的孩子，高出三四％機率被診斷注意力不足過動症。此年齡現象只發生在低年級兒童，超過十歲以上才被診斷為注意力不集中過動症的孩子，就沒有出生月齡的差異了。

從這兩項研究的結果，我們可以知道：第一，注意力不集中過動症絕不單純是基因問題，環境影響也不容小覷，否則疾病盛行率不會有出生月齡差異。第二，低年級偏小齡兒童，心智尚未成熟，在團體生活中，特別容易顯得學習力不佳，注意力不集中、過動或衝動。第三，帶領低年級以下班級的老師，如果對孩子年齡差異沒有警覺性，很容易將孩子貼上「調皮」的標籤，進而過度提高注意力不集中過動症的診斷率。

提醒家長與老師，在教導孩子的時候，要關注他們的相對年齡，標準要適度降低，醫生在診斷注意力不集中過動症時，也要考量到此細微的發展進程。

面對小齡兒童，千萬別揠苗助長

關於注意力不集中過動症，我可以分享一下個人經驗。我的大兒子是八月二十一日出生，可想而知，從上幼兒園起，他就是班上年紀最小的一隻。過去這許多年，我細心觀察他在學習上的適應能力，孩子的媽也都常鼓勵他：「你比班上同學甚至小了一整年，有些事情學得比較慢，是很正常的。」我們甚至做了最壞打算，萬一兒子真的適應不良，就休學一年再出發。幸好到目前為止，孩子並沒有學習上的困擾，我們也漸漸放心了。

仔細想想，當班上的許多同學，已經會走路學講話的時候，我兒子才剛出生呢！其他人的生活經歷，整整多了我兒子一年，大腦成熟度較高，語言能力更佳，這都是很正常的情形。

兒子上了小一後，寫字還歪歪扭扭，幸好碰到了貼心的老師，了解獅子座小齡男孩的手眼協調困境，習字本都給他很寬容的紅勾勾，讓我們夫妻倍感溫馨。可別以為孩子不知道紅勾勾的意義，看到別的孩子都有紅勾勾，只有自己是滿江紅，其實對孩子自我能力就是一種否定。如果家長和老師又常將「別的同學都做得到，你一定也做得到」掛在嘴邊，這聽起來像是鼓勵孩子，實則是對自信心的再次打擊。

孩子學習這檔事，就像是在跳雙人舞，當父母、老師舞步太快，頻頻踩到孩子的痛腳時，就應該放慢腳步，忍受那慢半拍的華爾滋。等到感覺孩子自信心已經建立，愈跳愈有把握，你就可以加快速度，甚至開始玩一些花式招數。雙人舞考驗孩子與大人之間的默契，絕不能只出一張嘴，更不可揠苗助長。上學理應是開開心心的事，千萬別讓學校成為孩子自信心的墳場。

藥物治療並非萬靈丹，也絕不是毒蛇猛獸

在美國被診斷為過動兒，而且正在服用藥物的比例，竟然高達兒童人口的九％！到底服藥人口占多少比例，才算是高過頭，或許很難一概而論，畢竟不同的人種、不同的家庭氣氛、不同的社會包容度等，太多因素都會影響兒童用藥的比例。

事實上，被診斷為注意力不集中過動症的孩子，只有一半需要用藥，另一半則否。哪些孩子需要使用藥物？就是當環境對孩子不友善，嚴重到可能危及孩子自信心的地步時，就該用藥了。

很多人認為，孩子只要有一對愛他的父母，自信心就得以保存，但現實生活中不見得如此。這個世界還有其他殘酷的大人、殘酷的小朋友，會針對孩子的缺點，有意無意打擊他的自信心。

何況家家有本難念的經，有時候注意力不集中過動症孩子的父母，本身就已經自身難保，許多家庭的混亂互動，讓父母陷入憂鬱症，時常氣到罵小孩，甚至打小孩。這些情況

下，其實就需要藥物介入，用以重建孩子的自信心，給予父母喘息的機會。

另一半不需用藥的孩子，或許是因為遇見接納度高的家人、老師、學校、以及同儕朋友，在學習路上有人耐心陪伴，自信心沒有受傷的危險，自然就不需要藥物輔助。通常這些家長，也會替孩子找適當的學習資源，有些孩子遇到好老師，有些在家自學，有些則進入體制外的學校，有些仍待在體制內的學校……各種情況都有。

總之，「不用藥」這個抉擇，對某些家庭是輕鬆的，但也不能因為這樣，就理所當然的鼓吹他人不用藥，甚至把藥物汙名化為「毒品」，這並不厚道。

使用藥物之後，家長與老師都能鬆一口氣，但也不是就這樣，什麼事都不做，只享受耳根清淨的生活。家長要開始去上課，學習如何正確陪伴過動兒，或者熟讀本書，調整自己的教養態度，幫助孩子找到適合的學習方式。

本書提到的七比一原則、拋棄恐懼式教養、建立成長性思維、不讓孩子產生「習得的無助感」、安排規律的作息和運動、不吃零食與垃圾食物……這些都要一項一項去完成。藉由藥物的幫助，讓孩子的大腦冷靜下來，同時父母做出改變，拉近親子關係，並且讓善解人意的老師幫助孩子學習，協助他培養有興趣的第二專長，這才是讓孩子用藥後應有的生活規畫。

當孩子用藥後取得一些成績時，家長和老師要立刻告訴他：「是你的努力，換取到這美好的成果，也讓我看見你充滿創意的特質。」不要讓孩子誤以為，他是因為吃藥才得到成功，這樣可能會讓他永遠依賴藥物，將來失敗的時候，自信心會跌得更深。

其實，藥物只是像「眼鏡」一般的輔具，並不是孩子成功的主因。我誠心建議父母們，請大量使用「正確稱讚孩子三部曲」：孩子做了一件令人開心的事情↓孩子，你的努力我看見了↓爸爸／媽媽覺得你是一個有——特質的孩子。這在本書已經出現第三次了，用在過動症的孩子身上，更是刻不容緩。

有條件的「愛」傷了母子情

我的門診有一位母親，用極嚴格的軍事化教育在教養孩子，她的孩子也因此出現過動的症狀，最後被醫生開了藥物。孩子吃藥後的確變乖了，上課不搗蛋，課後輔導坐得住，媽媽對藥物的效果非常滿意，反而變本加厲的嚴格管教孩子。幾年後這個孩子長大了，有一天他對我說：「我不想吃藥了，我恨吃藥。」那位媽媽在旁對我下指令：「醫生，你跟他說一定要吃藥，不可以不吃。」我當時內心難過極了，但這是她的教養選擇，我實在也無能為力改變什麼。

這個孩子不想吃藥，是因為進入青春期，他長大了，知道母親是有條件的在愛自己。以前孩子曾經覺得吃藥效果不錯，讓他比較不會被老師罵，比較不會被同學嘲笑，但現在他感到疑惑：「不知道媽媽是否只願意愛『吃藥後的我』？」所以他想要挑戰，如果不吃藥，母親還能愛他、接納他、包容他嗎？顯然答案是否定的。這孩子和母親的關係，正在漸行漸遠，而他的學習狀況，也將如預期般愈來愈糟，此時情況已非不能也，乃不為也。

44 鼓勵品格教育：品格教育就是身教

二十世紀末，美國有很多的孩子，進入青春期就不愛讀書，有將近三〇%的中輟生，連高中都沒有畢業。而在華人社會中，因為「萬般皆下品，唯有讀書高」的觀念，所以大部分孩子會被家庭逼上大學，然後一樣就不愛讀書，結果其實差不多。

為什麼本來書讀得好好的，會突然不想讀了呢？

想提升孩子學習動機，打罵、獎勵都無效

你一定會想：「這還不簡單，就是鞭子與胡蘿蔔雙管齊下，打就對了，不然就提高獎賞。」常見的鞭子做法，就是少一分，打一下，把孩子打到上大學，這在我們那年代早就用過了，我想也不用再舉例。

嚴格的教育，或許可以把孩子打上大學，但是那些被打壞學習胃口的孩子，上了大學後，從此不愛讀書，這可以從你我身邊的人，輕易觀察出來。不妨問問身邊的人：「你最

近都在看些什麼書啊？」根據某雜誌的問卷統計，大概有三〇％的人答不出來，跟美國高中的中輟生比例一樣高。

那麼獎勵呢？如果把考上大學的獎賞提高，是否就能增加讀書的動力呢？哈佛經濟學教授羅蘭．弗賴爾（Roland Fryer）在二〇一〇年發表的研究，就回答了這個問題。他在休士頓、紐約、芝加哥等許多城市的公立學校，特別找一些相對貧窮的孩子們，執行他的獎勵計畫。對於願意讀書的孩子，他可不只是送貼紙玩具，而是送手機！送平板電腦！只要孩子們肯讀書，他什麼都肯送！

弗賴爾教授的激勵計畫，一共送出幾百萬美元的獎品，這麼高額的獎品，是否有讓孩子成功的回到書本呢？很遺憾，沒有。這些孩子的成績，並沒有因為獎勵而提高，甚至有少部分孩子，學業還退步了，因為獎品拿太多，拿到最後已經麻痺了，讀書的動機依然沒有提升。

所以鞭子也不行，胡蘿蔔也失敗，我們到底該從哪裡著手，才能幫助孩子找回讀書之樂呢？

產生內在動機的關鍵，就是品格教育

本章前面我們提到，芝加哥大學教授法林頓的研究，歸納出讓孩子重新找回學習熱情的方法是：建立歸屬感、任務由淺入深、建立自信心，產生內在動機（請見第三六九頁）。前面三個步驟很簡單，但是第四個步驟「產生內在動機」則相當困難，並不如想像中那麼容易。

孩子面臨沒有內在動機的危機，不僅是因為不愛讀書而已，重點是對未來沒有盼望，每天在抱怨與自怨自艾中度過，一天又一天的混日子，這是現代青年的危機（或許中年人也有相同危機）。

美國的教育者發現一件事，就是內在動機強烈的孩子，通常同時擁有堅定的品格信念。比如說，有些孩子有堅定的信仰，相信上帝創造一切都很美好，相信自己是值得被愛的，因此就擁有時常感恩的品格；某些孩子則擁有其他品格，可能來自學校教育、某個具啟發性的名人傳記、家庭的凝聚力等。

美國知名的教育單位「知識就是力量計畫（Knowledge Is Power Program, KIPP）」發現這點。在這個教育體制下，訂立了七個品格教育的目標，分別是熱忱、毅力、樂觀、自制力、感恩、與人為善、好奇心，在創辦人強力的推動之下，KIPP的學生有九四%可以從高中畢業，其中有八一%繼續讀大學，這數字遠遠高出其他貧窮地區的比例，可說是品格教育的典範。

品格教育就是身教

品格教育最困難的地方，是父母無法將「品格」二字，硬塞入孩子的腦袋裡。孩子自己有眼睛，他們會觀察、判斷，如果父母心口不一，說一套做一套，那麼即使說得一口好品格，恐怕也沒有用。

好幾年前，黑幼龍老師跟我一起上節目，那時他說了一則故事，令我印象深刻。故事是這樣說的：

有一位父親，下班後想去買彩券，順便問了身旁一位同事，是否也幫他多買一張？這位名叫雷蒙的同事說：「當然好啊！明天把錢給你。」

於是這位父親在回家前，購買了二張彩券，在其中一張彩券上寫雷蒙的名字，以示區隔。當天晚上，電視彩券開獎，萬萬沒想到，他買的其中一張號碼，竟然中了汽車大獎！

正當全家人高興得手舞足蹈時，父親抽出彩券仔細一瞧，唉呀！是寫著雷蒙名字的那一張中了獎，而自己買的那一張，什麼都沒中。父親向妻兒們宣布這個壞消息，全家人都傻了眼。

「爸爸，別糊塗了，這二張彩券都是你買的啊！雷蒙連彩券的錢都還沒付給你，怎麼可以說是他中了獎呢？更何況，他家裡有二輛車，我們家一輛也沒有，這明明白白是上帝的旨意啊！」被這麼一勸，父親陷入天人交戰。

但最後的最後，他還是選擇打電話給雷蒙，恭喜他中獎，並讓他領走彩券。妻兒們氣得要死，好幾天不跟爸爸說話。

多年之後，子女們各自成家立業，每次聚會一提到爸爸，都會想起這段往事。然而，隨著年紀增長，人生經歷愈來愈豐富，他們反而更加尊敬父親，就如同好酒般愈陳愈香。子女們一致同意，不論外在環境是貧是富，在他們的心目中，父親是世上最富足的男人。

這則故事深深打動我心，也如醍醐灌頂一般，提醒我這就是最美好的「品格教育」。現在我也要問讀者，你的家庭信仰什麼品格？你的家庭信仰的是誠實？是知足？是樂觀？還是賺錢？我們姑且不替品格打分數，畢竟品格沒有高下之分。但既然我們希望有良好的教養，至少先替自己孩子立一個品格目標，全家人一起向著標竿直跑。

別忘了，你孩子的學習力、編織夢想的能力、規劃未來人生的能力，都將建築在這個品格之上。

9 CHAPTER

孩子來了，愛情走了？
掌握幸福婚姻的科學處方

最後一章，讓我們來聊聊「婚姻幸福」。如果你沒有從頭開始讀，直接翻到這裡，一定覺得很奇怪，育兒書籍為什麼要聊婚姻呢？但如果你有看過第一章，應該已經知道，童年家庭創傷最大的源頭禍首，就是不穩定的家庭結構，所以婚姻幸福，就是成功育兒的肥沃土壤。

奇怪的是，婚姻是我們人生如此重要的決定，卻很少人在踏入婚姻之前，先好好上一堂婚姻幸福的課程，真是令人百思不得其解。難道大家覺得，維繫家庭的能力是與生俱來，一次就能上手，完全不用專業訓練的嗎？當然，要談論如何維繫婚姻穩定，絕不是短短幾頁就可以説盡，但畢竟有一些與育兒相關的知識。因此，這章就讓我們簡單做一下重點説明。

45 新手媽媽的四大壓力來源：睡眠不足、勞逸不均、社會孤立、產後憂鬱

還記得當年在結婚之前，我和未婚妻事先報名了婚姻輔導課程。第一堂課，輔導老師就給了我們「震撼教育」。

孩子來了，愛情走了？

當時，輔導老師給我們看了一張「婚姻幸福感趨勢圖」（圖45.1），並指著圖說：「你們現在啊，正值蜜月期，幸福感高是很正常的，但如果你們要生小孩呢，夫妻的幸福感就會開始往下跌。如果又要顧小孩，又要拚事業，蠟燭兩頭燒，幸福感就會掉得更快。養孩子很花錢，那些學費、生活等開銷，會帶來家庭的經濟壓力，婚姻幸福感在結婚滿二十五年時，會降到谷底。等小孩終於長大成人，離家讀書或工作，空巢期會讓夫妻重新彼此相依，幸福感慢慢回升，經濟狀況回穩。退休後還能含飴弄孫，老來進入所謂的『二次蜜月』，幸福感又會回到最高點。這樣清楚明白了嗎？」

圖 45.1
婚姻幸福感趨勢圖

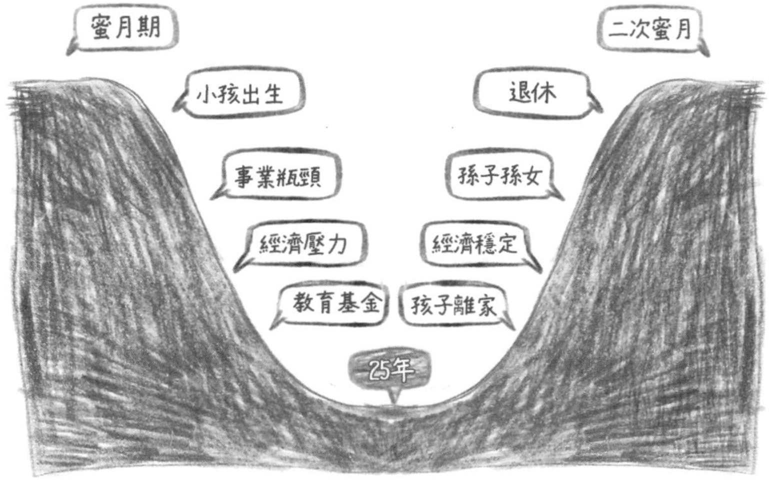

還記得一聽完輔導老師的解說後，我和當時還是未婚妻的老婆面面相覷，不禁在心裡納悶著：「輔導老師第一堂課就來個下馬威，這到底是在勸我們不要結婚，還是不要生孩子啊？」

結婚後沒多久，老婆就懷孕了，我們的二人時光才過一年，第一個孩子就來到。接下來的發展，就如同輔導老師之前的預言，夫妻爭吵愈來愈頻繁，而吵架的內容，的確常跟孩子息息相關，然後延伸到家庭其他議題中。

後來我讀了華盛頓州立大學約翰．麥迪納（John Medina）的暢銷書《零至五歲寶寶大腦活力手冊》（*Brain Rules For Baby*），才開始懂得從醫學和心理學的角度，理解為什麼老婆常常生氣不高興，為什麼夫妻摩擦與衝突增加。新手媽媽有四個難言之隱，分別是：睡眠不足、勞逸不均、社會孤立、產後憂鬱（表45.1）。

在此特別要提一下產後憂鬱症，許多媽媽產後有憂鬱的情形，家人卻因為沉浸在新生命的喜悅中，沒人發現媽媽的情緒出了狀況。就算媽媽主動將情緒告訴身邊的親友，通常只會得到「看開一點啊！」「放輕鬆啦！」這種不痛不癢的安慰語。

產後憂鬱症的發生機率約一三%，出現高峰時間是「產後兩個月內」，而在產後一年內，任何時刻都可能發生。罹患憂鬱症的病人，就像溺水者一樣，自己是救不了自己的，需要專業人士的介入幫助，例如：心理諮商師、身心科醫師。

產後媽媽如果常有悲觀想法，或者對任何事物都提不起勁，可以藉由下一頁表45.2的「愛丁堡產後憂鬱量表（Edinburgh Postnatal Depression Scale）」自我評估，並且積極就診。

孩子三歲前，是老公對婚姻感情的存款時期……

新手媽媽的四大壓力來源，大多是爸爸難以體會的困擾，因此男人在這段時間，必須有更多的體諒。在孩子出生後三年，算是老公對婚姻感情的存款時期，這段時間若能對另一半付出更多耐心，主動參與家庭事務，將換得未來長久的婚姻穩定度。

表 45.1
新手媽媽的四大壓力來源

壓力來源	影響
睡眠不足	睡不飽是情緒最大的殺手，也是造成夫妻爭吵的主因。
勞逸不均	即使是雙薪家庭，老婆的家務／育兒負擔，依然高出老公 2.7 倍，身心俱疲之下，就轉化為抱怨。
社會孤立	人際圈瞬間轉變成媽媽社團，與過去的朋友互動漸漸冷淡，新結交的朋友需要重新適應。
產後憂鬱	荷爾蒙的變化、身形的變化、家人關係的變化，都讓憂鬱症慢慢上身。

表 45.2
愛丁堡產後憂鬱量表

請依過去七天中，你的心理感受，回答以下問題

1. 我能看到事物有趣的一面，並笑得開心。
□同以前一樣　□沒以前那麼多　□肯定比以前少　□完全不能

2. 我欣然期待未來的一切。
□同以前一樣　□沒以前那麼多　□肯定比以前少　□完全不能

3. 當事情出錯時，我會不必要的責備自己。
□大部分時候這樣　□有時候這樣　□不常這樣　□沒有這樣

4. 我無緣無故感到焦慮和擔心。
□一點也沒有　□極少有　□有時候這樣　□經常這樣

5. 我無緣無故感到害怕和驚慌。
□相當多時候這樣　□有時候這樣　□不常這樣　□一點也沒有

6. 很多事情衝著我來，使我透不過氣。
□大多數時候，我都不能應付　□有時候，我不能像平時那樣應付得好
□大部分時候，我都能像平常那樣應付得好　□我一直都能應付得好

7. 我很不開心，以致失眠。
□大部分時候這樣　□有時候這樣　□不常這樣　□一點也沒有

8. 我感到難過和悲傷。
□大部分時候這樣　□有時候這樣　□不常這樣　□一點也沒有

9. 我不開心到哭泣。
□大部分時候這樣　□有時候這樣　□只是偶爾這樣　□沒有這樣

10. 我想過要傷害自己。
□相當多時候這樣　□有時候這樣　□很少這樣　□沒有這樣

評分標準與結果

計分方式　第 1、2、4 題，選項由左至右，分數依序為 0、1、2、3 分；其餘題目，選項由左至右，分數依序為 3、2、1、0 分。

結果分析　10 分（含）以上，可能有憂鬱情形，大於 13 分，很可能罹患產後憂鬱症。

加州大學柏克萊分校博士菲立浦・考恩（Philip Cowan）在追蹤一百對生孩子的夫妻後，歸納出夫妻在生孩子後，維持婚姻的四個關鍵：

1. 雙方都期待孩子來臨的夫妻，比較能度過難關。至於不小心懷孕，或者受單方面壓力而懷孕的夫妻，婚姻幸福感較容易觸礁。
2. 丈夫願意主動做家事。
3. 妻子願意主動給丈夫支持鼓勵。
4. 夫妻多花一點時間在配偶身上，而非只關注孩子。

而關於夫妻感情的部分，考恩也得出相同的結論：只要夫妻撐到孩子上學之後，婚姻感情就可慢慢止跌回升，進入穩定時期。因此，丈夫在這段時期的主動介入，有幾個需要達成的目標：

1. 讓妻子維持足夠的睡眠。
2. 讓妻子在有限的時間內，能繼續完成夢想。
3. 當觀察到愛丁堡憂鬱量表分數偏高時，陪她尋求心理諮詢。

女性完成夢想的方式，有些人是繼續在職場的工作，有些人則不是。而這世代有許多斜槓母親，雖然生了孩子，辭掉工作，反而因此找到心中真正有熱情的志業，活出更精采的人生下半場。

當然，媽媽們對任何夢想的追求，也無須操之過急，畢竟孩子的成長只有一次，而人生來日方長。只要保持這種正面積極的生活態度，夢想一定會等待做好準備的人。

46 互相傾聽，就能帶來療癒：認識另一半

媽媽們聚在一起時，常常很喜歡抱怨老公，這似乎是她們最大的休閒娛樂。不過心理學家分析，這些太太聚在一起抱怨老公，其實並非真的討厭另一半，只是因為對生活現狀不滿，需要一點發洩的出口。

但是媽媽們聚在一起，再怎麼罵也是以女性的角度，去解讀自己的豬隊友。不知各位妻子是否好奇，究竟妳老公是怎麼想的，為什麼他會選擇這麼做？

男女思考模式大不同

生了孩子之後，夫妻每天面臨各式各樣的抉擇，在抉擇過程中，不免會帶來爭吵。抉擇之所以帶來爭吵，是因為雙方價值觀的優先順序不同。換句話說，老公在意的事情，老婆覺得無趣；老婆根深柢固的堅持，老公卻覺得沒什麼大不了。

比方說，根據統計，女性產後最掛心的排行榜，第一是孩子，第二是家務事，第三

是財務狀況。這是因為當了媽媽，不由自主的心繫寶寶，擔心孩子未來的食、衣、住、行，於是想掌控家中的財務，開始抱怨老公錢賺太少，對家務事突然意見很多。媽媽在意的三件事，都和母性本能有關，老公的存在，反而變成次要的事。

男性當了爸爸之後，關心的前三件事，跟沒當爸爸之前其實差不多，第一是性生活，第二是財務狀況，第三是休閒娛樂。請不要說這些爸爸腦子裡有什麼問題，他們並不是不愛孩子，也不是不喜歡家裡乾乾淨淨，只是大腦先天就是這樣設定，思考模式和女性很不一樣，僅只如此而已。

而夫妻之間最常引發爭吵的事情，自然就是上面所提到，雙方最關心的前三件事了（表46.1）。

表 46.1
夫妻爭吵原因前三名

	女性	男性
1	孩子	性生活
2	家務事	財務狀況
3	財務狀況	休閒娛樂

既然我們改變不了大腦的思考模式，至少彼此「傾聽」還是做得到的。互相傾聽就能帶來療癒，當老婆碎碎唸育兒的煩惱時，丈夫至少可以隱藏不耐煩的表情，傾聽女性最關心的議題，就可以為她帶來療癒。當老婆在抱怨錢不夠時，老公請別怒火攻心，覺得是被針對挑釁。在心裡告訴自己「傾聽就是療癒」，然後回一句：「我會努力的，讓妳擔心真是抱歉。」這樣對關係就是大加分。

女性也請換位思考，當老公翻身抱住老婆時，不要嫌惡的推開另一半，而是將他拉得更緊，告訴他：「我知道你在想什麼，但我實在沒有力氣了。很抱歉，我可以另外彌補。」老公看籃球比賽，在電視機前興奮得大叫時，不要用那種鄙視的眼神傷害他，其實隨口附和一句：「某某隊加油。」傾聽就是療癒，老公會感到非常開心。

尋找對方的愛之語

很多夫妻談論婚姻時，都會用第一人稱辯解：「你不知道我有多愛他，我為他做了這件事、那件事，他卻一點感覺也沒有。」不可否認，很多人在婚姻中都付出努力，卻因為犯了一個錯誤而無法成功，那就是「用愛自己的方式來愛對方」。

比如說，妻子自己喜歡把「禮物」當作愛的象徵，所以在老公生日的時候，替對方準備一個驚喜的禮物，結果老公沒有特別的反應。老婆雖然感到失望，卻又認為自己的暗示夠明顯了，希望老公在結婚紀念日時好好表現一番，沒想到老公根本沒有接到暗示，紀念日什麼禮物都沒準備。雙重打擊之下，老婆氣得半死，夫妻大吵一架，老公從頭到尾都覺得莫名其妙。

男女大不同，夫妻心中愛的語言，也可能存有很大的差異。女人或許喜歡禮物，或是精心相處的約會時刻，男人卻覺得慶祝節日很麻煩，又浪費錢。反之，男人或許更想要身體的接觸，女人卻不見得感興趣。

究竟愛的語言有幾種？第六章提過的心理學家巧門，在全球暢銷的《愛之語》（*The five love languages*）一書中，曾經將夫妻之間愛的表達，整理為五種語言，分別是：身體的接觸、接受禮物、肯定的言詞、精心的時刻、服務的行動（圖46.1）。

巧門鼓勵夫妻雙方，好好探索自己的內心，並且向對方清楚告知，自己喜歡哪一種愛之語，雙方才知道如何精準付出，用適合的方式來愛彼此。比如說，某丈夫或許不在乎結婚紀念日，但既然另一半的愛之語是「精心的時刻」，一年就一次，硬著頭皮也要好好準備。某太太當了媽媽之後，或許早已不在意「身體的接觸」，但既然這是伴侶首選的愛之語，也是要定期逢場作戲一下。

總之，請先弄懂另一半喜歡哪一種愛之語，這樣才不會讓你的付出，成為永遠打不中目標的子彈。

圖 46.1
蓋瑞・巧門愛的五種語言

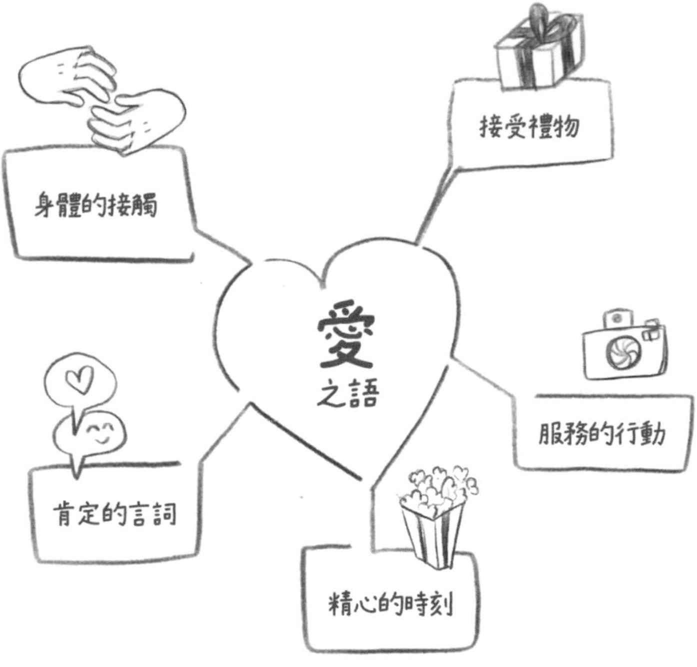

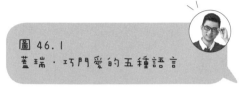

親密關係的分水嶺

這一篇我不斷強調，夫妻之間要互相傾聽，要分享愛之語，然而現代人內心可能隱藏了一些過往的傷痛，不願意暴露在自己的伴侶面前。

在本書的第三章，我們談論到嬰兒的依附型態，會影響到成年後的親密關係。許多結了婚的男男女女，依然承襲童年時期的安全依附型或不安全依附型。而不安全依附型的伴侶，通常不願意顯露真實的內心。

臨床心理學博士黃維仁曾經用一句話，道破了婚姻親密關係走好或走壞的分水嶺：「當我感到傷痛的時候，選擇遷怒另外一半，婚姻關係就走向分離；當我感到傷痛的時候，對另外一半敞開心房，婚姻關係就更加緊密。」

遷怒，就漸行漸遠；敞開，就愈靠愈近。但是一個人敞開心房，也等於把自己的軟弱，完全暴露在伴侶面前，這樣做的風險在於，對方是否能夠無條件的包容與接納，這個不完美的我？

這也是為什麼逃避依附型的伴侶，通常不願意敞開心房，因為他不相信，有人能無條件的包容與接納。而焦慮依附型的伴侶，則習慣把傷痛遷怒對方。這些人在婚姻中，無法辨識到自己的盲點，才會不由自主的，用錯誤的方式對待親密對象。

婚姻諮商：預防重於治療

當夫妻二人發現婚姻出了問題，卻遇上了溝通的瓶頸時，請不要妄想可以自力救濟。如同溺水的人無法自救，這時找一位專業的婚姻諮商心理師，趁還能手牽手的時候，一起去聊聊，讓第三方來傾聽二人的心聲，並且提供彼此對話的新契機。

在亞洲，大部分會去婚姻諮商的夫妻，都已經是互相傷害多年，帶著傷痕累累的心，以及瀕臨崩解的婚姻，才終於肯面對問題。但這就如同身體的疾病，常是「及早治療效果佳，病入膏肓神難救」，疾病初期不處理，等到婚姻關係已送入加護病房，才來下猛藥急救，往往為時已晚；就算救活，也無法避免諸多的後遺症。

所以奉勸各位，趁著婚姻還在「小感冒」階段，多花點時間經營，預防疾病的惡化。或許一、二次的諮商，就能營造後半輩子的幸福。如果你目前在婚姻中感到困惑，那還猶豫什麼呢？

47 幸福夫妻，懂得吵健康的架

根據研究，夫妻八〇%的爭吵，都是女性先開始的。在爭吵過程中，華盛頓大學博士約翰．高特曼（John Gottman）發現，夫妻時常翻白眼，並大量使用「我我我」、「你你你」，而非「我們」的表達方式，預測未來離婚機率高達九四%。

為什麼翻白眼會讓夫妻離婚？因為翻白眼代表的是輕蔑、鄙視，屬於親密關係中，殺傷力極強的手段。互相傷害的夫妻走向毀滅，但是不吵架的夫妻，也不見得比較幸福。許多研究發現，夫妻必須偶爾吵幾場「健康的架」，才能開啟良性的溝通。所以吵架是一門學問，也是夫妻相處最需要修練的技能。

承認彼此理想與現實的差距

某天我下班回家，先躺在沙發上看電視，拖了兩個小時才去洗澡。正在沖澡時，老婆帶孩子從才藝課回來，對他們說：「快去洗澡！今天很晚了，洗完澡趕緊上床睡覺。」

「可是爸爸在浴室！」兒子說。

老婆嘴裡開始碎碎唸：「怎麼現在才洗澡啊？下班這麼久了不先洗，現在占著浴室是怎麼回事？孩子每週五有才藝班，特別晚回家，趕著要上床，一星期就這麼一天，你怎麼會不知道？你自己寫文章都說孩子的睡眠最重要，規定孩子幾點鐘上床，然後自己又干擾他們的作息，你……。」

「有完沒完啊？」老婆終於把我給惹毛了。夫妻一場脣槍舌戰，就為了「誰先用浴室」這種雞毛蒜皮的小事，一直爭執不休。最後我氣得拂袖而去，老婆也不甘示弱的關起房門。

我氣沖沖開著車，到附近的超市晃了一圈，藉由「顏色與物體的冥想」（請見第二一八頁），逐漸冷靜下來。感謝賈伯斯發明智慧型手機，讓現代人有個可以好好對話的溝通平台，我拿起 iPhone，用通訊軟體傳訊息跟老婆示好。這是第一步：婚姻中男人先示好，絕對比等待女人示好，能更快速解決問題。

接下來我運用各種想像力，試圖去理解老婆原本預期的理想狀況。我這樣寫：「妳今天送孩子去上課，又接他們回來，真是挺累的。在妳的理想之中，我應該把浴室空下來，讓孩子回家洗完澡，就可以立刻上床睡覺。抱歉我沒有符合妳的期望。」雖然我不覺得自己有做錯什麼事，但猜想對方的理想狀況，本身就是一種療癒行為。

儘管她有她的理想狀況，我也必須闡述自己的困境：「我今天也真的累了，回家後什麼都不想做，大腦需要放空。我也期待看到你們的笑容，這是忙碌一整天之後，我最期待的禮物。」

「所以我們想今天的吵架，並不是針對妳，也不是針對我，而是來自彼此預期的理想狀況落了空。我們的失落感來自理想與現實的差距，所以我為自己情緒控制不佳，對妳大吼大叫道歉。我也希望未來能做到，每週五讓孩子早點洗澡，晚上我哄他們睡，讓我們都能在最忙碌的一天得以喘息。」

當我把爭吵從「你你你」、「我我我」提升到「我們」之後，夫妻親密關係在不知不覺中，又漸漸回溫了。藉由簡訊文字表達，我也避開了女性比較擅長的「口舌之爭」，讓理性的腦在文字中，可以先整理好思緒，並且做出適當的表達。

老婆收到我的簡訊後，也回覆她情緒的來源。原來，除了打開家門發現事與願違之外，她也氣我那兩個小時，在網路上發了一篇她不喜歡的文。我這才明白，剛才的爭吵還摻雜另一個情緒。

當天我們用通訊軟體聊了一個多小時，最後打開房門，給彼此一個更深的擁抱。因為我們在面對衝突時，願意敞開自己，願意避開「你」、「我」的字眼，願意「承認理想與現實的差距」，願意各退一步，所以我們的關係反而更加緊密。

我知道有很多夫妻，喜歡用冷戰的方式處理衝突。當夫妻選擇以冷戰取代吵架時，代表雙方的溝通陷入僵局，但選擇用逃避來換取時間。到了這個地步，我認為二人必須有所警覺，並應開始積極安排婚姻諮商，不要讓「愛情的小感冒」繼續惡化。

先善意解讀對方行爲，再訴說自己的感受

對於跟另一半相處，我也有一個提醒，不論對方做了什麼令你不開心的事，說了什麼不中聽的話，請「先善意解讀對方行為，再訴說自己的感受」。

很多妻子一開始吵架，就劈里啪啦訴說自己的感受，指控丈夫的各種行為不妥，用傷害性的言語來逼對方就範。但在這一切伶牙俐齒之前，可不可以先替另外一半的行為，做善意的解讀，先幫老公蓋一座下台階，然後再來訴說自己的苦衷？舉例來說：

- 「我猜你晚歸卻沒打電話告訴我，是因為工作真的忙到一點時間也沒有。而你這麼努力工作，也是為了這個家。」
- 「我想你會買這麼貴的車，有一部分原因也是考量到安全，為了讓我們一家人都能夠平平安安。」
- 「我想你放假日一直打電動，一定是平常工作精神壓力太大了，其實我很心疼你。」

這些說法，就是給另一半下台階，先善意解讀老公的行為。或許各位妻子看到這裡，嘴角已泛起一絲冷笑，心想：「才不是呢！明明他就是玩到忘記打電話，自己愛慕虛榮想買名車，然後不想帶小孩！」雖然這些恐怕都是事實，但我們今天要討論的是溝通訣竅，而非第一時間當對方的法官。

替另外一半的行為做善意解讀，英文叫做「give someone the benefit of the doubt」。當夫妻意見不合時，如果都是先以「你壞、你笨、你惡劣」來指控，其實等於封鎖了對方悔改的路。因為一旦他承認錯誤，就代表同時承認自己是「又壞、又笨、又惡劣」的人，這是不可接受的滑坡，所以絕對要抵死不從。

但先給對方一個好理由，尤其是轉化為「我們」的主詞，「你是為了我們家，為了我們夫妻，為了我們孩子」，這樣就先拉近了彼此的距離。干戈化為玉帛後，此時再述說自己的感受，對方就能聽進去。接續剛才的例子，可以這樣說：

- 「我一個人在家等你電話，擔心到吃不下飯，甚至有點生氣了。」
- 「哥哥的安親班和弟弟的保母費用，現在一個月總共要繳二萬元，我常常擔心到半夜醒過來。」
- 「我跟你一樣，週末也好累。臉上都開始長痘痘，我真的需要一點休息。」

就這樣不卑不亢，先用同理心的語句打開對方的耳朵，然後真誠訴說自己的感受：生氣、擔憂、疲憊或嫉妒。經過幾次相同的溝通模式，對方如果愛你，就會願意因為愛而改變，這樣的「聽話」才是發自內心，而不是出於恐懼。

妻子若藉由一張利嘴，訓練出「怕老婆」的好丈夫，這並不是愛的真諦，真正的愛裡不應該有恐懼。在我們內心的深處，都希望對方是因為愛而順服，而非因害怕而聽話。這就好比男人嘴巴說不過，就用暴力的方式逼對方聽話，用肢體暴力換來妻子順從，都是一樣不行。

我們小時候都聽過北風與太陽的故事，今天在婚姻中你的抉擇，是要做那北風，還是扮演溫暖的太陽？我想答案呼之欲出。

48 夫妻爭吵之後，請在孩子面前和好

印第安那州聖母大學教授馬克．卡明斯（Mark Cummings），曾經做過一項研究。他發現父母如果在孩子面前吵架，孩子壓力荷爾蒙會因此上升，其中三分之一會出現攻擊傾向，表示這些孩子已經接收到，我們在第八章提過的「毒性壓力」。但是，如果父母吵架之後，在孩子面前解決衝突，言歸於好，出現攻擊行為的兒童比例，就只剩下四％。

其實說到這裡，本篇重點已經講完了：夫妻在孩子面前最好不要吵架，如果不幸控制不住情緒，請記得在孩子面前，演一齣和好大戲。可別以為孩子大了，才會感受到父母的爭吵，六個月大的小嬰兒，就能感受到家庭氣氛變得緊繃，進而壓力荷爾蒙上升，造成心跳加快，血壓升高。

所以這齣「夫妻和好」的戲碼，在嬰兒時期，就要時常在孩子面前上演。

讓孩子知道，爸媽吵架不是因爲他不乖

在我的門診中，有位媽媽因為家庭衝突的問題，向我諮詢兼訴苦。就在她描述衝突過程時，四歲的孩子突然一把摀住媽媽的嘴，大聲打斷我們的對話：「不可以說，媽媽不要說話！」

聽媽媽說，這孩子心思很細膩，每次夫妻吵架時，他都像小蜜蜂一樣，這邊勸一勸，那邊抱一抱，試圖緩和雙方的情緒。有一次他跟媽媽說：「都是我不乖，爸爸媽媽才會吵架。」其實這就是許多心智尚未成熟、對世事懵懂的孩子，看到父母吵架時，說不出口的內心話。

前面我曾經提過凱根的兒童發展進程（請見第二八二頁），說到學齡前幼兒的思考，常常是以自我為中心，傾向將周遭所有事物，都與自身建立關聯。因此他們會認定是自己犯了錯，父母才會吵架，如果自己乖一點或表現好，爸爸媽媽也許就會和好。

這種自我中心的歸因，如果沒有父母的說明和保證，長期下來可能導致孩子失去安全依附感，因為他會認為：「爸爸媽媽吵架的時候，就是討厭我，不愛我。」這就是為什麼，在童年家庭創傷指數的研究中，家庭傷害發生時，孩子的年齡愈小，傷害力愈強！

因此夫妻吵架之後，不僅要在孩子面前上演和好的戲碼，還要跟孩子解釋衝突的緣由。至少要讓他們知道，爸媽吵架並不是因為誰做錯事。

身教，讓孩子正確學會解決衝突

父母在孩子面前吵架，雖然有諸多缺點，但唯一的優點就是能「以身作則」，示範良好的衝突解決方法。

有一次在我的兒童病房，一個大男孩正住院治療中，跟媽媽吵著要零食，媽媽搖頭說不可以。沒想到他就在我的面前，揮舞起小拳頭，配上凶狠的眼神，作勢要打媽媽，這一幕讓我觸目驚心。這孩子已經不是小嬰兒了，竟還沒有解決歧見的能力，既不會撒嬌，也不懂跟媽媽談條件，只循著原始本能，用野蠻的拳頭來處理衝突。

孩子入學之後，會將在家中習得的衝突處理模式，自然延伸至其他的人際關係中。父母在家裡若經常怒罵、惡言相向，甚至有肢體暴力的行為，孩子就有樣學樣，在學校中遭遇衝突時，也會用罵人、打人等攻擊行為來解決問題。這樣的行為模式，可能會引起同儕的排斥，造成孩子人際關係不良。

雖然夫妻吵架在所難免，但身為父母的職責，就是讓孩子在吵架過程中，學習如何用理性的方式解決紛爭。

我在上一篇以自身經驗分享，當理智斷線後，可以先聲明自己要「離開現場，冷靜一下」，接著透過話語或簡訊，同理對方「理想與現實的差距」，並且先「善意解讀對方行為」，再「訴說自己的感受」。最後各退一步，適度的妥協，讓彼此都好過一些，並且記得「在孩子面前和好」。

若每次夫妻的爭執，都能用這樣完整的流程圓滿解決，孩子不僅不會接收到毒性壓力，還能因此學到寶貴的溝通技巧，成為父母給孩子最好的身教之一。

婚姻中沒人能夠「全拿、全贏」。面對夫妻衝突，若抱持這種想要全拿、全贏的心態，代表我們的人格與心智發展，和五歲以下、以自我為中心的嬰兒，其實是一樣幼稚。

育兒生活也像一面照妖鏡，有時回顧夫妻吵架的內容，再比對自己罵孩子的台詞，我們可能會驚訝的發現，其實自己也跟孩子一樣，自私、幼稚、偶爾無理取鬧。

在本書的最後，讓我們彼此祝福：願每個家長在陪伴孩子，一起教學相長時，不僅成為更好的父母，也能在不知不覺中，蛻變為更穩重、成熟、善良的人。

國家圖書館出版品預行編目 (CIP) 資料

安心做父母，在愛裡無懼：黃瑽寧陪你正向育兒，用科學實證打造幸福感家庭 / 黃瑽寧作 . -- 第一版 . -- 臺北市：親子天下 , 2019.04
416 面 ; 14.8×21 公分 . -- (家庭與生活 ; 51)
ISBN 978-957-503-379-8 (平裝)

1. 育兒　2. 親職教育

428　　108003610

家庭與生活 051

安心做父母，在愛裡無懼

黃瑽寧陪你正向育兒，用科學實證打造幸福感家庭

作　　者｜黃瑽寧
繪　　者｜曹雲淇
責任編輯｜游筱玲、陳子揚
校　　對｜魏秋綢
排　　版｜張靜怡
攝　　影｜黃建賓
封面、版型設計｜三人制創
行銷企劃｜林靈姝

天下雜誌群創辦人｜殷允芃
董事長兼執行長｜何琦瑜
媒體暨產品事業群
總 經 理｜游玉雪
副總經理｜林彥傑
總　　監｜李佩芬
行銷總監｜林育菁
版權主任｜何晨瑋、黃微真

出 版 者｜親子天下股份有限公司
地　　址｜台北市 104 建國北路一段 96 號 4 樓
電　　話｜(02) 2509-2800　傳真｜(02) 2509-2462
網　　址｜www.parenting.com.tw
讀者服務專線｜(02) 2662-0332　週一～週五：09:00~17:30
讀者服務傳真｜(02) 2662-6048
客服信箱｜parenting@cw.com.tw

法律顧問｜台英國際商務法律事務所 · 羅明通律師
製版印刷｜中原造像股份有限公司
總 經 銷｜大和圖書有限公司　電話：（02）8990-2588

出版日期｜2019 年 4 月第一版第一次印行
　　　　　2024 年 8 月第一版第二十次印行
定　　價｜420 元
書　　號｜BKEEF051P
I S B N｜978-957-503-379-8

訂購服務
親子天下 Shopping｜shopping.parenting.com.tw
海外 · 大量訂購｜parenting@cw.com.tw
書香花園｜台北市建國北路二段 6 巷 11 號　電話 (02) 2506-1635
劃撥帳號｜50331356 親子天下股份有限公司

立即購買 >